U0156216

与最聪明的人共同进化

CHEERS

HERE COMES EVERYBODY

新核心素养系列
New Literacy

人人都该懂的
互联网思维
The Laws of
the Web

[阿根廷]
伯纳多·A. 胡伯曼 著
Bernardo A. Huberman

李晓明 译

河南科学技术出版社
·郑州·

测一测　　你真的了解互联网吗？

1. 互联网起始于（　　）年的（　　）网，是网络与网络之间所串连成的庞大网络：

A.1967，万维

B.1968，英特

C.1969，阿帕

2. 无论是网页数量在 10000 ~ 20000 之间的网站，还是网页数量在 10 ~ 100 之间的网站，它们的网页分布都遵循（　　）：

A. 幂律分布

B. 正向分布

C. 随机分布

3. 小世界理论指出，任何两个节点之间将由不超过（　　）个节点连接：

A.5

B.6

C.7

4. 互联网上电商对价格的调整力度，可能比传统的销售渠道要（　　）：

A. 小 1/100

B. 大 100 倍

C. 差不多

5. 以下（　　）描述不是"网络注意力流失"的主要原因：

A. 注意到该故事的人数不断增加

B. 随着时间的推移，同一个故事不再那么具有吸引力

C. 需要关注的故事太多，注意力被极大的分散

测一测你对互联网了解多少
扫码下载"湛庐阅读"App，
搜索"人人都该懂的互联网思维"，获取问题答案。

互联网是人类的新文明

很高兴中文版《人人都该懂的互联网思维》新版马上要面世了，而李晓明教授乐于再翻译新增的一章内容，更是令我兴奋不已。

互联网已经成为人类文明的一个组成部分，我们对它也已然习以为常——天天用它而不再惊诧于它的奇妙了。互联网满足了我们沟通信息的需求，助力于我们的社交生活。我们也通过改造它来创建新的商业形态。一些基于互联网的新业态增长迅速，从萌芽到成熟的时间往往不到 10 年。今天，在地球上的各个角落，无论是旧金山还是北京，无论是布宜诺斯艾利斯还是内罗毕，或者是法国的阿尔卑斯山，无论它们的环境和条件相差多大，其中的很多人、事、物都已经通过高速网络连接起来，就如同一个大型神经系统一般。

所有这些变化都给我们的社会带来了新的复杂性。尽管如此，它却依然遵循着基本的统计学规律。得益于这些规律，我们可以解释"赢者通吃"的业态、巨大社交网络的涌现，以及超大型跨国企业运行的模式。

为了反映互联网最新的进展，我为《人人都该懂的互联网思维》这本书新增了第 10 章，描述了一种新现象，即由具有计算能力的海量电子产品构成的网络的涌现。这些电子产品与用户共存于互联网之上，所构成的网络被称为"物联网"。物联网的增长是一个奇迹，2018 年就连接了 70 亿台电子产品，这个数字已经远超地球人口的总量。我们看到，物联网中的电子产品有些是家电产品，帮我们处理诸如家庭安防、健康管理等事务；有一些则是工业产业的组成部分。相较而言，后者的出现给我们带来了更大的挑战。

我希望《人人都该懂的互联网思维》这本书的读者不仅能享受互联网带给我们的奇妙感受，也能积极地参与到它对我们生活的方方面面所产生的影响的讨论中，包括共同探讨"我们与这个难以置信的人造产物的共存到底意味着什么"这样的问题。

无处不在的网络

在很短的时间里，互联网不仅成了亿万人获得信息的媒介，而且它那巨大的规模、各组成部分之间复杂的关系，以及遍及全球的空间特性也引起了许多科学家的巨大兴趣，成为他们研究的对象。这种兴趣植根于这样一个事实：**尽管网络的增长是自发、随意的，但它背后隐藏着很强的规律，包括其中的信息的连接结构和组织方式，以及亿万人使用它的模式。**很多实验室正在努力发现和解释这些规律。尽管这些研究主要只是试图解释现象，而且也只能部分地说明一些问题，但这已经对实践有了指导意义。人们在从事这些探索研究中获得了新知识，并能将之应用于设计有巨大潜力的新机制以及提高网络的使用效率之上。

这些研究所发现的若干规律，包括网络上信息存储和连接的方式、个体利用它们的模式，以及人们在这种新媒体中寻找信息时产生的大规模的相互作用。有些研究结果是通过采用标准的在线调查而获得的，与其他社会研究领域的研究方式没什么不同；还有一些研究则有赖于统计学和经济学方法。基于物理学和统计力学的理论模型，人们预测出了网络的一些定律。

我和一些合作者对大规模的分布式系统展开了持续的研究，包括经济系统和互联网，通过应用统计力学和非线性动力学的方法，我们获得了一些重要认知和有趣的定律。但遗憾的是，可能由于表达这些研究结果所采用的是技术性语言，因此它们没有得到广泛关注。不过，有些人已经看到了这些研究成果在其数学形式之外的意义，因此，他们一直希望我能下些功夫来阐释这些定律，特别是针对非技术背景的读者。

《人人都该懂的互联网思维》就是这一努力的结果，它以互联网作为讨论这些定律的载体，或者说是关注的焦点。互联网已经无处不在，大多数人对此都很熟悉；互联网也是一个便利且独特的实验室，人们可以在其中研究网络自身的增长和结构。但是，容易研究并不等于容易将用数学公式表达的概念转换为大众

语言。然而，我坚信从任何领域产生的概念都应该有通俗的解释。在本书中，基于日常生活中的体验，我会通过简单的例子来传递其中的一些主要思想。

这样做的结果便是，一些本来用几个公式就可以表达的内容可能会变成一段长长的解释，除此以外，我不知道还有什么更好的方式来传递这些定律的风格和力量，使其既能引起读者的注意，也不要求他们事先花时间来学一些技术领域的知识。更重要的是，我相信，虽然探索和解释这些定律会有某些技术上的难度，但任何人，只要他对这个主题有足够的兴趣，都可以认识到它们的重要性和影响力。关于这类话题，我做过多次报告，听众也非常多元化。那些经历让我意识到，非专业人士提出的问题和评论是我不断产生新想法的源泉，可以激励我将工作做得更好。

针对非技术类读者写一本关于互联网的定律的书，最初是鲍尔多·费耶塔（Baldo Faieta）向我提出的建议，他很早就被书中描述的定律吸引了。尽管他的建议很诱人，但我还是有些畏缩不前，因为只有付出很多的努力，才有可能生产出有良好逻辑的内容，并且足够凝练以吸引读者的注意力。后来，一些人坚信这样一本书拥有很大的潜在价值，并向我保证至少他们会成为我的读者，这些人包括斯科特·克利尔瓦特（Scott Clearwater）、艾坦·阿达（Eytan Adar）、纳塔莉·格兰斯（Natalie Glance）、我的妻子梅特（Mette）、我的孩子劳拉（Lara）和安德鲁（Andrew），还有马克·卢里（Mark Lurie）和克里斯托夫·洛赫（Christoph Loch）。最后，在麻省理工学院出版社的罗伯特·普赖尔（Robert Prior）耐心和有说服力的激励下，我在巴黎开始写作，而当时我正在访问欧洲商学院。在欧洲商学院的讲学经历以及和同事的讨论，帮助我进一步提炼了一些论点，而早期与格兰斯和拉达·阿达米克（Lada Adamic）在一些科普刊物上发表的文章，教会了我如何用平实的语言来阐释最初采用技术术语表达的论点。

　　尽管《人人都该懂的互联网思维》这本书是我的努力成果，我对它负有责任，但它的内容却是长期与许多同事和学生合作的结果，若没有他们，我将无从写起。从我最初从事这方面的研究开始，塔德·霍格（Tad Hogg）在许多方面就一直是伴我同行的伙伴。格兰斯、拉简·鲁克斯（Rajan Lukose）、拉达·阿达米克、艾坦·阿达、吉姆·皮特考（Jim Pitkow）、塞巴斯蒂安·莫勒（Sebastian Maurer）、马特·弗兰克林（Matt Franklin）、亚历山德罗·阿奎斯蒂（Alessandro Acquisti）、彼得·派罗利（Peter Pirolli）和阿米特·普尼亚尼（Amit Puniyani）在我研究的过程中曾给予了许多帮助，与我分享了他们的见解和激动之情。塞巴斯蒂安·多尼亚克（Sebastian Doniach）以一种真正的学者所应持有的审慎的怀疑态度，让我对每个新结果都一一进行了解释，从而使书中所表述的内容经得起进一步推敲。

如果没有一些支持我的读者能够客观地评论这本书的内容和风格，以及提出改进建议，它是不可能完成的。我非常感谢普赖尔出色地发挥了编辑的作用。我特别感激我的妻子梅特，她不仅审读了初稿，告诉我哪些地方需要修改，而且最要紧的是，她理解写作本书所需要付出的心血。

目录

目录

01

定律 1 网络是基于隐形
定律增长的生态

THE LAWS OF THE WEB

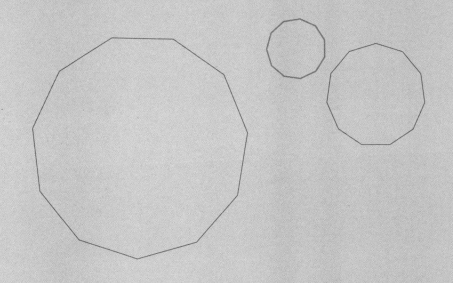

透视
互联网

THE LAWS OF THE WEB

1. 网络变成了一个巨大的信息生态系统，能用来定量地检测关于人类行为和社会性互动作用的理论。

2. 在《人人都该懂的互联网思维》这本书中，我将提供网络上显现的若干定律，以及它们对理解某些社会现象、设计更好的信息访问机制的影响。

3. 网络浏览体现出了一种模式，揭示了人们在寻找信息时呈现出的一种规律，以及如何将这些认识转变成设计更好网站的方法。同样，我也希望传达对于研究大规模社会动力学的方法的感受，它源于我们研究互联网现象的实践，这些实践在信息时代为我们研究社会行为提供了一个全新的途径。

01

在加州旧金山风景如画的普雷西迪奥区（Presidio）的一栋小楼里，一群人做了一件意义非凡的工作——这大概发生在1996年，是类似某种规模庞大的生态调查，但他们不需要离开自己的办公桌。计算机工作站中的一个程序在互联网的疆域里"爬行"[①]，源源不断地为这群互联网档案馆（Internet Archive）的工作人员抓取网页，并将其存储起来。为了未来的研究，这群工作人员要收集并存储整个网络上的文本内容，从硅谷的网站到遥远的地球另一面的服务器上的网页。在某种意义上，他们不仅像生态学家，而且也在构造一个图书馆，其规模不久就要使世界上那些非常大的图书馆，如美国国会图书馆或法国国家图书馆，相形见"小"了。到2000年7月，他们已经收集了10亿个网页，占33.5 TB（万亿字节）的存储空间，并且其收藏的规模在以每

---

① 原文为"crawl"，被用来形象地描述一个程序从网上不断获取网页的行为，它的直译是"爬行"，表示该程序顺着网页中的超链接，递进地获得一篇篇网页的过程。这个程序叫"crawler"或"爬取器"，也叫"爬虫"。——译者注

月 10% 的速度增长。[①] 为了理解这个收藏的规模，我们可以和书籍做个对比。一本书的文字内容经数字化后对应的数据量约为 1 MB（兆字节），1 TB 约等于 100 万 MB，美国国会图书馆中有 2 000 万册书，数据规模大约是 20 TB（而且不包括图片）。

欢迎来到终身学习的知识时代

尽管网络的规模及其增长速度是惊人的，但存储它的内容并不需要一个很大的建筑物。不同于那些古老的机构，比如位于纽约的美国自然历史博物馆或者伦敦的大英博物馆，互联网档案馆以一个冰箱大小的服务器就能将这些馆藏的内容存储其中。我们现在还不清楚整个档案最终会有多少，也不清楚有多少目前在网上看得见的东西几年后依然存在。建立互联网档案馆的目的，是将这种容易流逝的数据保存到一个永久的介质中，为未来做研究用。建立此项目的人认为，科学家、历史学家，以及新闻记者等都会对这样的研究感兴趣。因此，当人们想查询这些被收藏起来的数据时，就不需要专门到普雷西迪奥区这样一个美丽的地方，

---

① 北京大学网络实验室从 2001 年开始了类似的工作，到 2009 年已经搜集了 30 多亿个中国网站上的网页，获得的数据超过 50 TB，并且以每天约 200 万个网页的速度增长。——译者注

只要有合适的授权，人们就可以通过世界上任何一台计算机浏览它们。

欢迎来到信息时代，这是一个几乎不用任何代价就可以获取多样性知识的时代。那些电子信息正在从价值上取代传统工业生产出来的物品，用来体现国家、组织和个人的财富。网络信息空间已经给生活在地球上的人们带来了无与伦比的奇观。

互联网档案馆的工作人员并不是在孤军奋战。在美国，波士顿大学计算机科学系的一群研究人员在从事一项活动，从某种意义上来说，这项活动正好与互联网档案馆的工作互补。前者的主要工作是，通过在一些网络浏览器中安插某种监测程序，记录用户访问过的网站和停留的时长等。他们试图通过分析人们在网上寻找信息的行为规律，从中总结出一种使用模式，指导人们设计出更好的网站。其他相关的活动还有许多，比如一些科学家对网络内容及其结构的研究，他们对此表现出来的强烈兴趣与生物学家对热带雨林的兴趣不相上下。在美国新泽西州，位于普林斯顿的 NEC 实验室（Nippon Electric Company Labs）的研究人员在对网络上的内容进行抽样调查，希望能明确它的规模，并确定总共有多少内容能被人们常用的搜索引擎罗列出来。结论是，其实并不多。

　　从普雷西迪奥往南行驶几公里，在环绕斯坦福大学的山丘上，帕洛阿尔托研究中心（PARC）互联网研究组的科学家正在好奇地探究和分析一个巨大的网络资源数据库。他们通过综合利用互联网档案馆和许多其他来源的数据，揭示了在过去3年里网络中存在若干隐形的模式，这些模式反映了人们在信息空间中交流和寻找信息的方式。除他们之外，其他研究人员也发现了一些模式，既令人惊奇，也十分有趣。比如，他们已经发现每个网站中的网页数和网页中的链接数的分布显现出一种普遍的、规律性很强的现象，即少数网站有许多网页，而许多网站只有少量网页。同样，我们也已经了解到，由网民在网上造成的堵塞能引发一种可预测的"互联网风暴"，它会突然出现，并以一种带有统计学意味的模式消退。

　　这些结果之所以令人感到惊奇是因为，人们以前看到网络是以混沌无序的方式生长的，没有想到其中会有什么规律。在网络中，没有中央规划者告诉互联网用户如何设计网站、寻找信息，或者如何组织可以从一个网页或网站跳转到另一个的超链接。网络的结构和内容是千百万人自发行动汇聚产生的结果，他们很少会意识到，在他们的网站中添加一个网页或链接会对全局造成什么影响。于是，随着对互联网研究的深入，人们自然就会期望发现一种没有任何特征可言的网络，而不是现在所发现的规律性很强的行为现象。

有意思的是，这些很强的规律性与它们的来源有关，这一现象也影响了解释它们的方式。我们不仅可以利用这些有规律的模式来设计更好的网站，或者设计应对网络堵塞的策略，而且通过适当地考虑网络用户和网页设计者的行为机制[1]，我们可以提炼出能够解释这些模式的理论。随着这些理论的发展，将个人在网络上的行为与网络的累积效应关联起来，就得出了一些在网络之外也适用的社会机制。它们通过一些定律表现出来，解释了人们如何浏览互联网，如何通过一种堵塞模式相互影响，以及如何判定既定网站的流行程度。**从这种视角来看，网络变成了一个巨大的信息生态系统，能用来定量地检测关于人类行为和社会性互动作用的理论。**

每条定律，都是一次互联网风暴

在《人人都该懂的互联网思维》这本书中，我将提供网络上显现的若干定律，以及它们对理解某些社会现象、设计更好的信息访问机制的影响。通过这些定律，我会解释获得这些理论的方法，它们提供了一种理解社会动力学中复杂问题的新方式。理论的原始形式是通过数学语言描述的，因而有比较精确的结论，但

---

[1] 网络用户的行为是形成那些有规律的模式的基本根源。——译者注

在本书中，我会用平实的语言解释核心思想，这样更容易被广泛的读者接受。

在揭示这些定律的同时，我也希望阐述一种方法——它在解释局部性质或个体行为，以及它们在相互作用时所产生的聚集效果之间的关系中被证明是成功的。这种方法最初是由物理学家发展起来的，他们当时希望理解某种物质的行为——该物质的存在形式是大量离散的粒子或者分子的集合。如果我们期望用这样的方法在人类寻找信息的过程中立即带来成效，那么就太天真了，但我们可以通过结合期望、效用和用户理性的观念来改善它，这就有望产生对人类行为的合理解释和预测，而且可以通过在网络上进行检测来验证。

预测本身是重要的，与许多动物和岩石等非生命体的不同之处在于，人类决定一个特定的行动路线时会考虑未来。一个生物体的存储结构越复杂，其考虑问题的视野所能达到的边界就越远。这意味着，任何涉及个人动态行为的研究，都必须考虑到我们每个人对未来事件做出的预测，尽管这些预测可能是不正确的。

从网站之间网页和链接的分布到"互联网风暴"，从上网模式到市场本质，这些都能够为我们提供一些知识，它们不仅本身有意思，还有益于信息的提供者和消费者。而且这些融入了用户上网模式的知识有助于人们设计出更好的网站，从而使用户能够更快、更可靠地访问信息。

在本书后面的章节里，我会阐述一些隐含的定律或法则，它们支配着网络的增长和结构的变化，以及链接关系的形成，然后说明我们如何用互联网来理解它与所关联的用户之间的相互作用。我将通过描述用户所面对的两难情形来阐释网络堵塞现象的形成、"互联网风暴"的不可避免性，以及构成它的密集小流量使网络减速的情形，也会谈及如何用这些知识来设计一种能较快访问网站的方法。网络浏览体现出了一种模式，揭示了人们在寻找信息时呈现出的一种规律，以及如何将这些认识转变成设计更好网站的方法。同样，我也希望传达对于研究大规模社会动力学的方法的感受，它源于我们研究互联网现象的实践，这些实践在信息时代为我们研究社会行为提供了一个全新的途径。

02

定律 2 获取网络新红利的
4 大新机会

THE LAWS OF THE WEB

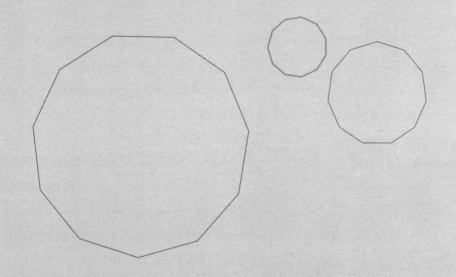

1. 随着那些成熟的企业在互联网上以新的方式提供服务、对广大的客户群体产生影响，一种无形的"电子毯"正在渐渐形成，并最终以某种形式将所有人都席卷其中。

2. 信息时代已经到来，以实体和热量为标志的经济正在向非实体经济转变。

3. 曾经稀缺而昂贵的信息，现在变得丰富和近乎免费了。现在稀缺的是处理那些信息所需要的知识，因此，它们也就变成了昂贵的资源。

4. 网络已经成为一个名副其实的实验室，人们可以在其中研究人类的行为，其精确度和规模都是前所未有的。

我们正处于一场深刻的变革之中，全世界越来越多的人已经
感受到了这场变革带来的影响。正如蒸汽机的出现改变了人们工
作和看待自己的方式一样，我们正经历着又一次革命性的变化，
其结果尚无法看清。不过，尽管我们还看不见这场革命的尽头，
但这场变化本身的意义却是清楚明确的——它的要点是用没有形
体和质量且可迅速传递至全球各个角落的产品经济来取代实体
经济。

几百年来，人类孕育并发展了工业化生产，其基本特征是
将原材料加工成各种有形的产品，诸如机器、工具和设备。这
样的产品不仅在制造过程中需要大量的能源，而且将它们分发
到各地也需要能源。从汽车、电视机到建筑物，它们不仅需要
复杂的生产与销售机构，而且其装配和使用都需要大量的能源
（最常见的是热能）和资本的投入。这一变革过程源于 1845 年
前后蒸汽机、钢铁和铁路的出现，欧洲各国和美国的经济因此
发生了深刻的改变，这些发明也因此成为经济社会不可分割的

一部分。20 世纪初，一个新的工业浪潮出现，以电力、化学和内燃机汽车的生产为代表，但在 20 世纪 50 年代这个浪潮被另一个巨大的浪潮所碾压，新浪潮以电子行业、航空业和石油化工业为代表。两个浪潮都掀起了产业大军和资本市场的大变革，使财富向世界各地迁移。在 20 世纪的大部分时间里，两次工业浪潮带来的巨大而无情的力量使我们认为，国家的工业实力体现在大工厂、铁路和空中运输系统的建立上。

机会 1：崛起的服务型经济

国家实力建立在工业实体经济上的观念正在被迅速颠覆。在最近几年里，一种由信息产品构成的服务型经济，包括保险政策、市场交易和风险投资等，正在快速发展。这种基于知识的经济正在从工作机会、财富产值，以及创新内容和成果等方面超越传统的工业经济。在这方面，仅美国的数据就描绘了一幅难以置信的图景。根据美国商务部的数据报告，1995—1998 年，信息技术对美国经济的增长至少贡献了 1/3 份额。在这期间，美国的国民生产总值增长了 22%，达到 8.7 万亿美元。因为信息技术产品和服务的价格的不断下降，企业生产力得以大幅提高，在保持整体经济持续增长的同时也降低了通货膨胀率。同样重要的是，与诸如从事加工业等传统产业的情形相比，信息产业从业者的劳

动生产率至少是前者的两倍。由于信息产业从业者比传统产业从业者几乎多挣 80% 的工资，这个事实对即将进入职场的年轻人必然会产生影响。同样令人印象深刻的是，美国产业大军至少一半人受雇或者依赖于技术型公司。

随着越来越多的行业和个体看到了开展和从事信息产业的价值，这一巨大的趋势必将持续下去。随着那些成熟的企业在互联网上以新的方式提供服务、对广大的客户群体产生影响，一种无形的"电子毯"正在渐渐形成，并最终以某种形式将所有人都席卷其中。美国、欧洲和拉丁美洲的一些年轻人纷纷投身于这样的新经济浪潮中，不断涌现出的互联网创业公司是他们热情的彰显。大多数读者也许已经知道，亚马逊和 eBay 等公司的成功故事成为一种榜样，吸引着创业者和投资人，使他们愿意付出努力和承担资本损失的风险来换取财富与业界同行认可的前景。如同其他巨大的经济转型，年轻人似乎更加愿意投入这种新经济浪潮之中，这不仅因为它充满冒险因素，还因为它体现了创业活动是一种令人羡慕和钦佩的文化现象。正如发端于美国的嬉皮士运动在 20 世纪六七十年代吸引了全世界无数的年轻人一样，当下的创业活动似乎也传达着一种相似的感觉，即那种变革弄潮儿的感觉。

在这些变化的光环下，一些人认为，这种基于数位（bit）而不是质量（mass）的经济的出现将使人类社会一直沿用至今的经济定律失效，因为那些定律的发展是为了解释传统工业时代的资源分配和生产机制的。因此，人们认为应该有一套新的经济定律来解释这种非实体经济。令人感到有意思的是，20 世纪初，当电话开始在美国和世界其他地方普及时，也有过这样的观点。我认为，虽然先进国家在技术基础方面的改变催生了非实体经济，但是经济定律会随之过时的说法并不准确。情况恰恰相反，它的作用更明显了。由互联网提供的新媒介提高了信息全球化的效率，许多原本低效的因素不复存在，使传统经济在信息时代比工业时代有了更大的发展空间。

这种现象的一个典型例子是，信息曾经因其稀有而存在价值，但现在无处不在，只需点击几下鼠标，你就可以轻松地获得和复制网页中的信息，几乎不用付出任何代价。想想股票行情，我们就会意识到网络可以带来的根本性变化。在互联网未普及之前，获取股票行情还只是专业交易人员和市场分析师的特权，那时为了得到这样的实时数据，普通人要么必须花费代价去访问一家交换中心，要么就要花很多钱订阅可以提供这些数据的服务。今天，很多门户网站都免费提供股票行情的信息，而且还附有分析师的推荐和针对有关公司的新闻报道。卡尔·夏皮罗（Carl Shapiro）和哈尔·范里安（Hal Varian）的研究指出，那些标准的经济模型足以解释信息时代的大多数市场现象。

机会 2：无障碍的远程通信

信息时代已经到来，以实体和热量为标志的经济正在向非实体经济转变。它是如何出现的呢？是什么力量促成了这种变化？

促使社会向信息时代转型的核心因素是两场革命。第一场是远程通信革命，它是技术、政策以及经济诸多要素共同作用的结果。我们可以从一个人把声音或数据传输到远方所需成本的变化的角度，来认识它的革命性意义。1934 年，从纽约到伦敦的 3 分钟长途电话要花费相当于今天的 300 美元，而今天的成本则低于 1 美元。如果这个趋势继续持续下去，从地球一端到另一端的语音通信基本上就可以免费了。此外，以数位形式存在的数据已经取代语音成为带宽的主要消耗者。相比创造数据来说，传输数据的成本将变得可以忽略不计。我们甚至可能做到在互联网上免费发送数据，只需要订购一些诸如金融投资、医疗保健、家庭监护等互联网服务作为交换。

机会 3：呈指数级增长的算力

第二场革命是过去几十年里计算机数量的大幅增加及其功能的迅速提升。英特尔公司的创始人戈登·摩尔多年前提出了一个公式，指出芯片的复杂程度会每两年翻一番，这就是所谓的摩尔定律。由于芯片是计算机、DVD 播放器、数码照相机，以及几乎所有已知的电子产品的基础，所以摩尔定律所隐含的意义就是往后许多年我们将不断看到更小、更便宜、运算速度更快的计算机和电子设备。计算机将不限于那种我们曾经很熟悉的、带有一个显示屏的箱子，而是嵌入所有系统中，特别是蜂窝电话和手持设备中，使人们可以在地球上的任何地方即时访问远端的文件与信息。

以远程通信成本的大幅降低和计算能力的大幅提升为标志的两场革命使互联网的创建成为可能，它意味着一个巨大的连通器，可以将地球上所有人连接起来。任何国家的公民都可以通过点击鼠标，访问那些不久前只限于少数享有特权的人才可以获得的信息和服务。这一现象的突出例子是学术圈中交流成果的新方式。之前，只有少数科学家有幸将自己在相关学术领域的突破和新成果在发表前预先通报给一些人。而其他人只有等待邮寄的报告和文章，才能了解最新的成果和发现，而更多的人要等到科学期刊出版之后才能得知。这就形成了科学上的一种"阶级"系统，不同科学家获得信息的及时程度决定了不同的"阶级"。互联网的出现改变了这一切。现在，通过计算机上网的任何科学家都可以即刻得到最新的研究成果和思想，并将其扩散到整个社区。同样重要的是对数据的访问，一些大规模实验的数据结果，以及在

平时很难获取的珍贵的期刊上发表的相关数据，过去是很难获得的，而现在则可以通过一些可靠的来源免费获得。这样一来，曾经稀缺而昂贵的信息，现在变得丰富和近乎免费了。现在稀缺的是处理那些信息所需要的知识，因此，它们也就变成了昂贵的资源。

这样的例子不仅存在于科学界，随着互联网的发展，获取各种信息的能力和习惯迅速在各种人员与行业间普及开来。我们见证了通过网络进行股票和证券交易的热潮，数以百万计的人可以直接获得金融市场的数据，自己做投资的决定，而无须依靠那些曾经唯一具有数据访问能力的中介。旅游业也是如此，它曾经被那些获得了航空公司时间表和定价的代理人掌控，而现在任何游客通过点击几次鼠标就能获得想知道问题的答案。

在这场由互联网主导的信息革命中，非实体经济的加速形成使我们看到了互联网现象。最初，这个设想是在日内瓦的一个物理学实验室里孕育的，那些试图解开物质结构之谜的物理学家需要一种在他们之间传播信息的机制，从而形成了互联网的雏形，然后它迅速蔓延到世界各地的各类人群及行业中，成为信息时代事实上的交互媒介。这个蔓延的过程只能用一个词来描述，就是"惊人"。1993 年，全世界只有几个网站，到 1998 年就有了几百万个，网络的规模每 6 个月翻一倍，目前已有数亿个富含信息的网页。随着用户不断增加链接使自己的网页指向他们认为可能相关的信息，数亿个网页通过一种复杂而随意的方式链接，形成了一种可以访问海量网络信息的有用机制。结果是，网页的访客可以被引领至其他网页。网络上的信息是相互衔接和互为支撑的，一个网页常有数以万计的链接，它们将用户引领到其他网页，这些网页又将用户引导到更多网页上。并且，随着信息的改变，链接会变，某些网站被访问的频率也会变。这就使网络成为一个信息生态系统，内容足够丰富。

互联网上信息量指数级的增长一直伴随着互联网用户数量的增长。1996 年，网络上活跃着 6 100 万用户；截至 1998 年年底，全世界有 1.47 亿用户；到了 2000 年，互联网用户数量又增加了一倍，达到 3.2 亿。

机会 4：互联网是一个信息生态系统

除了在规模和用户数量上的惊人增长，网络也使电子商务和各种新型的网上交易流行起来，越来越多的人正在以几年前闻所未闻的方式开展着各种商业活动。不同于传统经济活动中的交易由诸如计算机和汽车等实体产品来实现，网上交易的对象主要是那些无形的商品，比如娱乐、旅游、信息和银行服务等。此外，

电子商务是在全球范围内进行的，消费者可以从多方面获益，包括获取更多所购产品的知识，降低交易成本和价格，以及在选择上比传统交易方式有更多的可能性。

在供应方面，网络提供了一个全球市场，供应商不必承担很高的进入成本，也不需要保有很大的库存。这就带来了巨大的机会，吸引了源源不断的新来者，不断推出新颖的产品组合和交付方式，从而形成了更加激烈的竞争环境。关于数字音乐、Napster（提供音乐免费下载服务的网站）这样的例子，说明一个行业想要生存的话应该以何种速度来适应新机制。

这种适应速度必须十分迅速，因为变化本身正在以非常快的速度发生。正当音乐行业开始接受不可抗拒的数字音乐，将其接纳到自己的业务计划中时，一个新的、更可怕的系统随着Napster[①] 的出现来临了。这种新系统允许任何计算机用户访问其中任何计算机上存储的音乐，并下载到本地计算机中。通过一个关于用户和他们所拥有音乐的集中式目录，Napster 基本上包含了所有愿意参与自由交换音乐的计算机的 IP 地址。因此，如果

① 在线数字音乐服务商 Napster 虽然在 2008 年被百思买（Best Buy）收购，但是其曾在创立伊始制造了巨大的轰动，曾在最高峰时有 8 000 万用户注册该程序，是数字音乐服务行业的一大创举。——编者注

有人需要下载巴赫的作品，那么他并不一定要购买，而只需要输入 Napster 的 URL 地址，指明他希望获得的乐曲。这一操作会将用户连接到拥有该乐曲的用户，然后他就能够直接将其下载到自己的计算机中。这是一种不同寻常的运作方式。

网络正在影响着世界上越来越多的人，因此我们必须重新审视对信息、商务和沟通等方面的理解。我们正处于这种爆炸性变化之中，想知道这场革命的最终结果如何还为时过早，正如人类当年也很难想象无线电、电话和汽车等发明对社会将产生的影响那样。

不过，网络呈现的一些状态已经使我们对其增长、结构和使用有了更多认识。之所以能得到这些认识是因为网络具有透明性，使我们能便利地获取其结构和使用的数据，类似的便利在工业时代是无法想象的。一些人已经开始研究人们是如何获取信息、建立网站，以及通过浏览器来和他人交往的了。还有一些人则根据网络中网页的数量及其包含的链接来研究网络的结构，还有在网络上从浏览一种信息到另一种信息的便利程度。

这些研究揭示了一些规律，证实了我们最初关于"互联网是一个信息生态系统"的设想。此外，描述物理世界的规律不同于描述网络空间的规律，我的一些研究旨在理解互联网用户在寻找

信息和从事电子商务活动中的行为。网络已经成为一个名副其实的实验室，人们可以在其中研究人类的行为，其精确度和规模都是前所未有的。与计算机技术相比，得益于网络辽阔的疆域及其复杂的结构，这些研究内容更接近社会科学，它们创建了一个知识的生态系统。这种生态系统的特点用三个词组来描述就是：相互关联、信息"食物链"和动态交互，其丰富程度堪比许多自然生态系统，甚至更加绚丽多彩。

我们一直关注的问题与人们用来获取信息的策略有关，也与由人们的活动导致的突然的"互联网风暴"有关。这种风暴短暂地延缓了网页的下载速度。同样神秘的是，为什么这些"互联网风暴"会突然平息。此外，由于网络有它自发的连通性，我们想研究清楚它增长、互联的规律，以及网站中网页的数量或链接的数量是否也存在一种规律。

结果，我们发现这些规律无处不在，它们可以被视为网络的增长以及人类通过网络互动的基本规律。在后面的章节中，我将描述这些规律和它们的成因，以及如何用这些规律启发新颖和有趣的方法，用以改进人们对这个既是一个信息的结构，也是一个市场的网络的应用。

03

定律 3 从规模化到多样性

THE LAWS OF THE WEB

1. 这种大型系统中的组成部分之间有各式各样的相互作用，所产生的全局行为的结果展示出了一种复杂和令人着迷的图景，从大范围生态系统明显的稳定性到金融市场狂野的波动性。

2. 将所有组成部分的行为叠加，其结果不能解释总体行为的系统被称为非线性系统。

3. 个人上网行为预测不了网络的普遍特点，也不能解释网络中的信息流堵塞是如何发生的，以及某些网上业务是否会办理成功。我们必须放弃那些个别认识，而以某种聚合的效应来反映作为一个整体系统的行为。为此，我们找出了一些处理大规模分布式系统的方法，它们主要受启发于物理学在通过组分（原子和分子）解释物质的行为方面取得的成功。这些方法在本质上是具有统计学意义的，其数学公式能使我们对结果进行精确的预测，并且可以通过实验来验证这些预测。

4. 对于网络而言，我们观察到其分布具有一个特别的模式，即所谓的"幂律"（power law）。

5. 整个网络中各网站所包含的网页数量存在着这样一种无标度的幂律，不仅有趣，而且有用。

图 3-1 虽然看起来像是一些随机的点和线，但它描绘的是互联网某部分的真实结构，这个结构来自多年前芬兰的网站及其之间的链接。如果被提前告知圆圈表示网站，线条表示网站之间的链接，那么这幅图的意义就会比较明确。但即使这样，对我们理解这幅图的帮助也不大。试图从这种相当抽象的图中发现意义的读者最终会认为，这是一幅杂乱无章的图，尽管看起来有点儿意思，但除了可能有点儿艺术感之外并没什么有用的信息。这种看法不无道理，因为它看起来就像是由某个计算机程序或者电子游戏随机画出的一幅图。

然而，这幅充满随机性的图中隐含着一个模式，这个模式不仅出现在芬兰的网络中，而且出现在世界各地的网络中，无论是美洲、欧洲还是亚洲。我将在本章中讨论这种隐藏的模式，它突出地体现了网络的演化规律及其结构特征。同样重要的是，对这种网络增长模式的解释有赖于一种很有效的方法，该方法非常有助于处理网络这类大规模分布式系统。

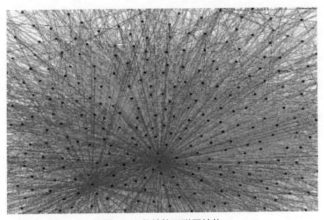

图 3-1　芬兰的互联网结构

注：圆点表示网站，将它们连起来的直线就是链接。

从个体行为到全局思维

　　上文提到的方法的要点是，在大型分布式系统的局部特性和它们的全局特性之间建立一种紧密的关系。基于它在分析结构上的特点，以及它与网络中可观察的若干性质的联系，这种方法具有非常强的预测能力。可以应用这种方法的系统包括社会组织结构、市场、生态，以及最重要的互联网系统。这些系统有一个共同的特点：**系统的总体结构和动态特性取决于它的大量自主成分之间的共同作用，这些自主成分可以是顾客、生物有机体、计算机程序或者人本身。**这种大型系统中的组成部分

之间有各式各样的相互作用，所产生的全局行为的结果展示出了一种复杂和令人着迷的图景，从大范围生态系统明显的稳定性到金融市场狂野的波动性。

人们观察到的个体行为与全局行为之间的联系并不总是很明显，因为系统行为不可能通过简单地将各个组成部分的行为和意图相加就能解释清楚，否则事情就变得容易多了。

将所有组成部分的行为叠加，其结果不能解释总体行为的系统被称为非线性系统。与线性系统相比，研究非线性系统要困难得多，但为理解它所付出的努力是值得的。这是因为，非线性系统动力学具有令人着迷的复杂性。在非线性系统中，只有少数可以预测的系统行为。比如，当系统达到了简单的平衡态时，整个系统的状态不再随时间变化，或者如教科书中所描绘的一些典型情形，表现出明显的周期性。除此以外，即使是数学描述完全确定的非线性系统也会显示出十分剧烈的变化。在这种混沌的情形下，如果我们在给定的初始条件下启动一个系统，则它的状态会随着时间演变；但如果重新开始，即初始条件几乎相同，最后的结果也可能会完全不同。因此，这种对初始条件的极端敏感性，使系统的行为显得极其不稳定，而根据这些行为所做的预测，则在本质上会呈现出随机性。

在分析像网络这样的复杂系统时，非线性不是使问题复杂化的唯一特征。网络的分布式特征也给这类研究带来了难题。这是由于构成信息网络的各个成分或元素（网站、链接、网页）会显现出复杂的非线性动力学特性。当我们研究复杂系统中的问题并找到答案时，其隐含的结果令人非常吃惊，因为在明确的组分行为和所观察到的全局结果之间存在着一条鸿沟。以经济系统为例，即使我们有了关于市场中每个人在计划和策略方面的精确认识，也不足以理解市场的整体行为。这个重要的认识首先是由弗里德里希·冯·哈耶克（Frederich Von Hayek）提出的，他指出，虽然经济行为的结果是由人们的行为导致的，但这些行为不一定反映了人们的意图。

有个例子有助于解释这个重要的观点。在股票市场中有这样一个投资人，我们可以跟踪他在市场中的所有交易记录，以及他和别人交换的消息，甚至还可以掌握他何时、如何在何种股票上投资的意图。这样追踪很长一段时间之后，我们就能知道他所用的策略，以及用该策略在市场上进行交易的成败情况，甚至还可以结识他本人，从而比较有把握地预测他关于买卖股票的决定。虽然在这种情况下，我们可以很好地了解一个投资人，但却无法预测这个人做决策时股票的价格①。这是因为股票价格取决于许

---

① 可将股票价格看作经济系统的一种总体行为。——译者注

多投资人和他们各自的决策。那些决策以非常复杂的方式相互作用，导致单个投资人行为的效果被完全淹没，因此个体不可能预测自己的行为会对股票价格的改变产生什么样的后果。

城市交通情况是另一个典型例子。个体的出行模式和意图的详细信息，是不可能用来预测十字路口的拥堵情况的，也不可能预测哪些道路在何时会畅通一些。同样的结论也适用于网络——掌握网站通过增加网页和链接得以增长的详细知识不足以理解图 3-1 所呈现出的网络复杂性。

个人上网行为预测不了网络的普遍特点，也不能解释网络中的信息流堵塞是如何发生的，以及某些网上业务是否会办理成功。我们必须放弃那些个别认识，而以某种聚合的效应来反映作为一个整体系统的行为。为此，我们找出了一些处理大规模分布式系统的方法，它们主要受启发于物理学在通过组分（原子和分子）解释物质的行为方面取得的成功。这些方法在本质上是具有统计学意义的，其数学公式能使我们对结果进行精确的预测，并且可以通过实验来验证这些预测。

这种通过聚合效应来观察复杂系统的方法非常有助于处理大型分布式系统，包括股票市场、计算机网络、社会组织机构等。这种方法在个体和整体之间架起了一座桥梁。它是一种推理的方式，注重系统均值的变化，以及系统偏离均值的行为，同时保持其组成部分行为的本质要素。这样就可以将单个网站的增长模式与整个网络的网页数量联系起来，也可以将用户的个体意图与在一个星期或者一个月里访问门户网站的人数联系起来。

这样，利用对个体行为的认识，我们可以深入地了解分布式系统，从而更好地改进与设计搜索算法与组织机构，甚至可以将从中获得的认识应用到分布式控制系统的构建之中。这给了我信心，相信这些方法也将适用于网络，而且事实上，它们的确使我发现了一系列具有很强规律性的现象，比如网络的增长方式、人们浏览网络的方式、电子商务市场的性质，以及从一个网站下载网页的行为会对网络堵塞造成的影响。

多样性的规模特征

从诞生之日起，网络的各项组成就显示出了多样性的规模特征，我们如何才能利用此方法来理解网络规模的增长模式呢？上网的人可能会注意到这种多样性：网络中有包含许多网页的大网站，也有只包含一两个网页和少数链接的小网站，这种多样性是显而易见的。这种情况也反映了人们可以随意设计自己的网站，并决定如何将它们联系起来的方式。比如，一家大公司的网站可能

定律3 从规模化到多样性

含有大量网页、相互链接的网站以及与其他网站的链接；而个人网站可能只有一些简历资料、图片，以及少数朋友网站的跳转链接。

　　令人惊讶的是，当人们基于大量的统计数据研究网络的结构时发现，尽管它的增长模式具有明显的随意性，但还是反映出了网络所潜藏的一些规律。我们观察到的一个规律是，在网络中有很多小规模的网站，而大网站则很少。少数网站包含数以百万计的链接，但数以百万计的网站却只包含少数几个链接。

　　这种多样性以数学的方式表达出来就是一个分布式系统。对于该系统，这种数学上的分布定量地刻画了系统中各个不同大小的元素分别出现的次数。对于网络而言，我们观察到其分布具有一个特别的模式，即所谓的"幂律"。当我们说一个分布系统具有幂律特征时，指的就是，找到一个规模为 n（网页的数量）的网站的概率与 $1/n^{\beta}$ 成正比，其中 β 是一个不小于 1 的数。

　　关于幂律分布的一个有趣的性质是，若一个系统服从幂律分布，那么它在所有尺度上看起来都是一样的。也就是说，在任意规模的网站中，网页数量的分布规律都是相同的。例如，网页数量在 10 000 ～ 20 000 之间的网站的分布，与网页数量在 10 ～ 100 之间的网站的分布是一样的。换言之，在不同规模的网站上研究网络，都会得到同样的结果。这也意味着，如果我们确定了在某个规模网站中网页的分布规律，就能预测其他网站中网页的分布规律。

网站中的网页数量、从网站发出的链接数，以及网站收到的链接数，都服从这样的幂律分布。在所有网络研究中都存在了这个规律，并得到了强有力的实验支持。

图 3-2 中是这种幂律分布的两个例子，由于采用了双对数坐标系统（在横轴和纵轴上，10 的各幂次之间是等距的），所以它们看起来都是直线。

图 3-2 中的两个幂律分布，图（a）是网站中网页数量的分布，图（b）是从一个网站到其他网站的链接个数（出向链接）的分布。因为两个都符合幂律分布，所以看起来几乎是相同的。如果它们不符合幂律分布，那么在对数坐标系统上呈现出的就会是不同形状的曲线。

同样有趣的是，幂律分布很长尾。这意味着，发现比平均规模大很多①的网站也存有一定的概率。如果和人们的身高分布相

① 这里指的是从横轴偏右的某一点往后的曲线下部与横轴包围的面积较大。
——译者注

对比，就会发现这一结论是相当令人惊奇的。我们都知道，人的身高遵循钟形正态分布。这种正态分布限定了当今人们的平均身高大约是 1.7 米。这样的分布不是幂律分布，它会随着均值的偏离很快衰减。于是，当一个人走在城市的街头，如果看到了一个身高三四米的巨人，那么他一定会觉得非常惊讶。另外，当某些属性的分布，如网站的大小服从幂律分布时，我们就很可能发现这个网站比平均规模的网站（按网页或链接数）大许多倍。

幂律分布的另一个特别的性质是反映平均行为而非典型行为。所谓典型指的是最经常遇到的，而平均则是指所有网站的大小之和除以网站的个数。因此，如果一个人随机选择一组网站，记录每个网站中网页的数量，就会发现绝大多数网站的网页数量比平均水平要低。这种平均行为和典型行为之间的差别是由于幂律分布不同于我们熟悉的对称钟形正态分布，幂律分布与其最大值并不对称，它是倾斜的，且有一个长长的尾巴。

事实上，网站的网页数量和链接数量服从幂律分布是网络的一个普遍特性。幂律对整个互联网都适用，无论什么类型的网站（从最小的到最大的），也无论什么性质的网站。在一种看起来相当随机的过程中显现出如此强的规律性，非常令人匪夷所思，这种规律可能是某种普适的机制，它不仅是网络增长的基础，而且使网络的某些特性指向幂律分布。

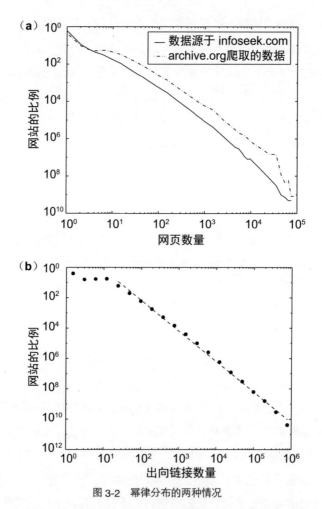

图 3-2　幂律分布的两种情况

注：网页（a）和链接（b）的网站的比例，在对数坐标系统中呈现出
　　的曲线。

定律 3 从规模化到多样性

人人都该懂的互联网思维

互联网的幂律分布

　　为了说明这一网络增长机制，我们首先考虑网页是如何被添加进一个网站的。想象一个有 100 万个网页的大网站，维护如此巨大的网站，要么需要一个非常多产的供稿者，要么需要一组网站管理员来不断修改、删除和添加网页。还有一种可能是，网站可以自动生成某些网页。在这样一个有 100 万个网页的大型网站中，如果人们发现一天里新增或消失了几百个网页，一般不会觉得奇怪。再想象一个只有几十个网页的网站，它本身的内容不多，想在这样的网站上发现一天里增加了几百篇网页，虽然并非不可能，但就会是一件不同寻常的事情。于是我们可以比较有把握地说，网站中的网页数量每天的波动与网站大小成正比，如果用数学语言描述这个过程则是，这种增长具有可乘性。换句话说，一个网站某天的网页数量 n，等于该网站前一天的网页数量加上或者减去 n 的一个随机分数。

　　如果一组网站的规模以相同的平均增长率但不同的每日随机波动量增长，那么经过足够长的一段时间后，其规模将满足对数正态式的分布。在对数正态式的分布中，出

037

现小规模网站的概率较高，而出现非常大规模的网站的概率虽然低但它的存在会非常显著。尽管对数正态式的分布也是倾斜的，且带有长长的尾巴，但它并不同于幂律分布。

为了解释人们观察到的网站规模的幂律分布特征，我们需要考虑促使网络快速增长的其他两个因素：其一是网站出现的不同时间，其二是网站的不同增长速度。

首先，我们考虑网站出现的不同时间。自互联网诞生以来，网站数量呈指数型增长，这意味着"年轻"的网站要比"年老"的网站多得多。具有相同增长率的网页的网站出现在不同的时间，最初只有少数几个，但随着时间的推移会越来越多。经过足够长的一段时间后，人们发现了一个规律，即网站的网页数量满足于幂律分布。那些"年轻"的网站因为出现的时间不长，处于该分布曲线的波谷；而那些"年老"的网站数量要少得多，更有可能已发展成很大的规模，处于该分布曲线的波峰。

其次，我们需要考虑第二个因素，即所有的网站出现在同一时间，但其增长速度不同。通过计算机模拟，我们发现，不同的

网页增长率，无论它们是如何在网站之间分布的，都会使站点规模呈现出幂律分布。网站之间网页增长率的差别越大，分布中的指数 β 越小，就意味着站点大小的不均等性将会增加。

总之，利用一个随机倍增的简单假设，再结合网站出现的不同时间和不同增长速度的事实，我们得以解释网络中普遍存在的幂律分布。

整个网络中各网站所包含的网页数量存在着这样一种无标度的幂律，不仅有趣，而且有用。比如，在网上搜集网页的搜索引擎不可能事先知道在每个站点它将会遇到多少个网页，但如果写一个从网站下载网页的程序，在超过某个数量后就停止对该站点网页的下载，这时候幂律就可以在概率意义上告知还需要从该站点下载多少网页。换言之，一旦搜索引擎搜到了一个大样本，关于该样本分布的知识就足以预测剩余的搜索量。

网站中网页数量的分布不是网络结构中隐藏的仅有的规律。如前文的图 3-2 所示，我们在链接数量的分布上也发现了幂律分布，这个结果是从我们已经搜集的 26 万个网站的内容中得到的。我所指的"网站"是一个地址，每个网站都有一个单独的域名。如果我们数一数某个网站包含了多少个来自其他网站的链接，就会发现网站之间链接的分布也遵循幂律分布。同样让人觉得有意思的是，我们发现网站的"年龄"与其链接数量之间不存在相关性。

网站的"年龄"与链接数量之间没有相关性其实不足为奇，因为网站并不是生来都平等的。在 1999 年创建的一个网站，如果它具有非常受欢迎的内容，那么不久之后它获得的链接数量就会比 1993 年被创建起来的一个乏味的网站更多。很有可能，一个网站获得新链接的速度与它已有链接的数量成正比。毕竟，网站的链接数量越多，其可见度越高，得到更多新链接的机会也就越大。这意味着不同的网站所获得的链接数量有着不同的增长率。

解释网站中网页数量呈幂律分布的理论也可以被应用于解释网站新链接增长的分布。在这个模型中，每段时间网站得到新链接的数量是它已有链接数量的一个随机概率。新网站的数量呈指数级增加，不同的网站具有不同的发展速度。通过数学分析，我们看到这个模型也很好地解释了实验数据。

现在，让我们将幂律和一种相似的规律做一下对比，会发现一个很好玩的结果。这种规律不仅出现在网络上，而且出现在许多其他场合，它就是"齐普夫定律"（Zipf's Law）。取这个名字是为了纪念哈佛大学语言学教授乔治·金斯利·齐普夫（George

Kingsley Zipf），他曾经想搞清楚英文文献中每个词语出现的频率，并按照高频词在前、低频词在后的递减顺序排列。齐普夫定律说的是，第 r 个最频繁出现事件（词语）的出现次数反比于它的位次，从数学上来看，它很像幂律。事实上，幂律和齐普夫定律都是用来描述"大事件稀有，小事件常见"这一现象的。比如，大地震很少发生，但小地震就颇为常见；特大城市很少，但小城镇就有许多；"and"与"the"等少数词语用得十分频繁，但许多单词用得很少；虽然世界上有少数亿万富翁，但大多数人挣的钱不多。正如我们在网络特征的若干方面发现了幂律分布一样，齐普夫定律也表现出了幂律分布的模式，不同的是，它是通过位次而不是数量来表达的。

04

THE LAWS OF THE WEB

透视
互联网

THE LAWS OF THE WEB

1. 小世界现象背后不仅存在着有趣的数学问题，引发人们的好奇而去研究，而且具有实际且重要的意义：政治影响力、务工、疾病的传播以及其他形式的蔓延现象，比如谣言或信息的扩散，都依赖于是否存在这种相识者的最短路径，其依赖的方式就是网络科学家过去半个世纪以来一直研究的一个问题。

2. 与网站的情形类似，任何两个网页之间的链接数量也存在这类现象。所不同的是，在网站中这个数字是 4，而在网页中是 19。

3. 互联网的小世界现象是有趣的，它在设计更好的搜索引擎和电子商务中都有实际的用处——高质量的网络文档倾向于与具有相似内容的高质量文档互链。

4. 由于许多人将他们的兴趣和单位隶属信息通过个人网页的形式表现出来，并链接到与他们有一些共同兴趣的人的网页上，所以探索网络上文档之间的链接结构可以揭示出人与人，以及人与机构之间的一些基本关系。

许多人可能都会有这样的经历：在某次聚会、商业谈判或者会议中初次见到的某个人，然后很快就会发现与他有一个共同的朋友，也许还会发现与他有着某种家族关系，可以回溯到某个共同的先辈或者远房亲戚等。这种经常出现的情形反映了一种令人惊奇且很有趣的社会现象，被称为"六度分隔"，说的是在这个星球上任意两个人之间都有一条由不超过 6 个熟人构成的路径。当然，准确的数字可能不是 6，但这种说法主要是想表达以下事实：随机选取两个人，他们之间存在着一个很短的可以将他们联系起来的熟人链。这个惊人的事实最初是由社会心理学家斯坦利·米尔格拉姆（Stanley Milgram）①发现的。20 世纪 60 年代，他进行了一个实验，随机从中西部的一个小城镇选取了一群人，让他们给在波士顿一个从事股票中介生意的某个人（米尔格拉姆的朋友）寄一张明信片，然后研究那些明信片是如何抵达目标对象的。

---

① 若想了解米尔格拉姆的一生以及伟大的"服从权威实验"，推荐阅读由湛庐文化策划推出的《好人为什么会作恶》一书，全面了解米尔格拉姆是如何成为 20 世纪最杰出的心理学家以及大小城市里人的行为为什么会各不相同。——编者注

这个实验的不寻常之处在于，米尔格拉姆没有让人们直接给他的朋友寄明信片，而是告诉他们明信片要在人们之间传递——每个人只负责将明信片寄给某个自己比较熟悉的人。由于最初的那些人不太可能与波士顿的股票中介相识，所以他们只能将明信片寄给他们认为可能与米尔格拉姆的朋友在地理或职业上相近的某个人。

一些明信片最终到达了目标对象。当米尔格拉姆分析明信片传递的路径时发现，从中西部的那个小镇到波士顿，明信片平均只经过了大约 6 次的转发。这表明，在一个具有众多人口的社会中，多数人都可以通过一个短短的熟人链连接起来。他的发现在后来几项精细的社会研究中得到了进一步确认。这些研究涉及的范围很广，包括从高中生的交友网络到宗教社区等。很多演讲和新闻报道都高调介绍了"六度分隔"这一新概念，然后这个概念得以在大众文化中普及开来。

六度分隔还启发了一些游戏的发明，比如凯文·贝肯（Kevin Bacon）研发的《六度分隔》（*Six Degrees*）游戏。在《六度分隔》这款游戏中，玩家需要找到某位演员结识贝肯的最短路径。虽然一些数学家的论文与伟大的匈牙利数学家保罗·埃尔德什（Paul Erdos）的工作内容相去甚远，但他们都可以有一个所谓的"埃尔德什数"（Erdos number），它指的是与埃尔德什共同撰写论文的距离。某数学家的埃尔德什数为 1，意味着

他与埃尔德什共同写过一篇论文；当这位数学家与另一个人合写过一篇论文时，后者的埃尔德什数则为 2。这样，本来最开始只不过是一个游戏的东西变成了一个现实：埃尔德什数越小，对那些宣传埃尔德什数的人来说就意味着有越高的"声望"[①]。

超级链接者

小世界现象背后不仅存在着有趣的数学问题，引发人们的好奇而去研究，而且具有实际且重要的意义：政治影响力、务工、疾病的传播以及其他形式的蔓延现象，比如谣言或信息的扩散，都依赖于是否存在这种相识者的最短路径，其依赖的方式就是网络科学家过去半个世纪以来一直研究的一个问题。

对于互联网上出现的现象，我们可以很容易地在互联网上探究，电影《星球大战》的官方网站就提供了一种有效手段。该网站的设计灵感来自六度分隔现象，它为用户提供了发现各种小世界联系，比如电影《星球大战》中的角色和演员之间的关系的可能性。

---

① 按照这个定义，作为本书译者的我的埃尔德什数为 3，但我显然称不上是数学家。这种情形也许说明，在以某个人为中心的声望网络中，一个节点的声望会随着与中心节点的网络距离的增加而急剧下降。——译者注

米尔格拉姆的实验提出了两个互补而且有趣的问题。第一个问题是，人际网络要成为小世界必须具有哪些特性。如果画一个由节点和连边构成的网络，节点代表人，节点之间的边代表他们相互认识的关系，那么其中任何两个节点将由不超过 6 条边分隔的结论绝不是显而易见的。社会网络一定有些特别的东西反映在其链接的结构中。

第二个问题涉及以较少的步数巡游小世界图景的最优策略。参与米尔格拉姆实验的人们并没有对他们所在社会网络的详细认识，但他们必须设法通过较少的人将消息传递给目标对象。但就算知道了自己是一个小世界网络的一部分，也不一定就能制定出在该网络中将一则信息传递给目标节点的聪明策略。

康奈尔大学的两个数学家邓肯·J. 瓦茨（Duncan J. Watts）[1]和史蒂芬·斯托加茨（Steven Strogatz），以及圣母大学的研究人员雷卡·阿尔伯特（Réka Albert）和艾伯特－拉斯洛·巴拉巴西（Albert-László Barabási）[2] 研究了第一个问题。瓦茨和斯托加茨

---

[1] 你对世界的理解，正在阻碍你对世界的进一步理解。邓肯·J. 瓦茨在他的新书《反常识》中为我们揭示了破局需要反常识的真谛。该书的中文简体字版已由湛庐文化策划推出。——编者注

[2] 巴拉巴西是网络科学理论的奠基人，著有《链接》《爆发》，并于 2019 年最新出版了《巴拉巴西成功定律》一书。该书首次提出了成功的 5 大普适定律。不是成功学，而是成功的科学。巴拉巴西 3 本著作的中文简体字版已由湛庐文化策划推出。——编者注

创建了一个模型，表明通过一个正则网格（regular lattice）可以产生一个小世界网络图。他们基本上说明了这样一个事实：通过让少数链接随机形成，一个正则网格就可以被变换为一个小世界网络图。不过小世界网络图不仅是随机图，而且具有高度汇聚的性质[1]。这意味着节点间有一种高度紧凑互联的模式，不太可能在随机图中看到。相比而言，随机图的汇聚性不强，但节点间的距离较短，而正则网格则往往有较高的汇聚性，但节点间的距离较长。

然而，这种构造方法存在着一个问题：这些小世界网络图缺乏许多网络都有的一个重要性质，即节点的链接数量呈近似幂律分布。这种分布体现的是少数节点、人或网络中的网站有很多联系，而大多数则联系甚少。有些小世界网络（如电力网络）的链接分布没有呈幂律分布，但许多网络，比如人们之间互相通话构成的网络却都是呈幂律分布的。

阿尔伯特和巴拉巴西的研究描述了一个过程，它能产生节点的链接数量服从幂律分布的随机图，但没有小世界网络的汇聚性质。虽然这项研究可以解释互联网的主干结构，但没能说明在互联网的超链结构中存在的汇聚性。因此，我们仍然在寻找适当的

---

① 小世界网络图有严格的定义和一些性质，包括这里所说的汇聚性，不仅仅是通俗意义的"六度分隔"，见邓肯·J.瓦茨所著的《小小世界》一书。——译者注

方式来理解其链接结构具有幂律分布的小世界网络。

网络越大，世界越小

康奈尔大学的计算机科学家乔恩·克莱因伯格（Jon Kleinberg）也研究了小世界网络中的巡游问题。他从一个完美的网格图开始，构造了一种有汇聚性的随机图。然而，他构造的那种图的节点链接数的分布也不遵循幂律分布。这一事实表明，当我们要讨论现实世界网络中的幂律分布问题时，若采用克莱因伯格的网络模型，就需要注意。克莱因伯格提出的巡游算法具备一种很好的性质，即在巡游过程中，一个节点不用知道其邻居节点的链接指向何处。该算法虽然不能找到穿越两个节点间最短路径的最佳方案，但它表明，当模型中的参数取一个特定值时，在任意两个节点之间都存在着一条相当短的路径。

如果这种人与人之间短距离（链接数）关系背后的机制反映出随机网络的某些数学性质，并且互联网是这种网络中的一个很好的例子，那么人们可能就会想，同样的小世界现象是否在网站和网页之间也存在呢？帕洛阿尔托研究中心的拉达·阿达米克进行了一项研究，观察从一个网站到另一个网站所要经过的平均链接数。阿达米克发现，正如

在社会领域的情形，随机取两个网站，大约只需要 4 次点击
我们就能从一个网站到达另一个。通过考察包含 5 000 万
个网页的 26 万个网站之间的链接结构，阿达米克证实了这
个现象所反映的网络中的一种很强的规律（图 4-1）。

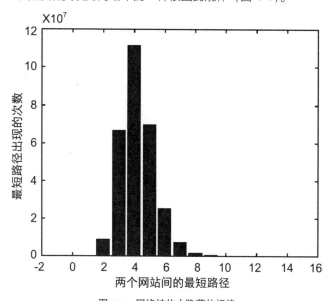

图 4-1　网络结构中隐藏的规律

注：在所考察的网站集合中，将网站看成节点，将节点间的超链接看
　　成边，横轴表示两个网站之间最短路径的长度，纵轴表示给定最
　　短路径出现的次数。

圣母大学的研究人员经过进一步研究发现，与网站的情形类似，任何两个网页之间的链接数量也存在这类现象。所不同的是，在网站中这个数字是 4，而在网页中是 19。

小世界社区

互联网的小世界现象是有趣的，它在设计更好的搜索引擎和电子商务中都有实际的用处——高质量的网络文档倾向于与具有相似内容的高质量文档互链。这样，我们就可以期望在网络中有一组网页，这组网页中的内容也许会具有差不多的质量，并且相互引用。这些网页的质量通过它们之间的链接所形成的隐含推荐来保证。

阿达米克开发了一个关于这些想法的应用程序，用到的数据是谷歌搜索引擎在 1998 年上半年的一次搜集结果。对于任何给定的检索词，程序都会根据其位次和与它们匹配的文字说明情况返回相关的网页，同时也提供每个网页的链接信息，然后识别出所有相对紧密互链的网页集群，并选出其中最大的一个。这个最大的集群最有可能包含一些涉及不那么常见的网站的链接。阿达米

克注意到，跨多个网站的连通集群倾向于包含重要的相关网页，并有许多"枢纽"，即含有许多其他优质链接的网页。然后，通过计算集群所有成员间的链接数量，我们就可以找到集群的中心。

这意味着，搜索引擎不仅能提供我们现在常见的文档列表，其中包含来自同一个网站的许多条目；**利用小世界现象，搜索引擎还可以只给出每个集群的中心，而让用户自己去探究集群的其他部分**。

在网络上，小世界现象的潜在作用不仅仅是对搜索引擎的改进。网络的链接结构还隐含着一些社区的存在，其成员会分享在某些话题上的共鸣。网络信息总体上反映了人类广泛的兴趣，但对具体网站而言，常常只是针对某些单方面的内容或者目标。另一些网站，它们设置有论坛或聊天室，人们可以在那里汇集，就某些具体议题分享自己的想法。由于许多人将他们的兴趣和单位隶属信息通过个人网页的形式表现出来，并链接到与他们有一些共同兴趣的人的网页上，所以探索网络上文档之间的链接结构可以揭示出人与人，以及人与机构之间的一些基本关系。

拉达·阿达米克和艾坦·阿达意识到，如果社会网络和互联网都是小世界网络，那么我们就可以预期网络上的个人主页也会形成小世界网络。通过研究美国两所名校的个人主页之间的网络，他们证实了这一猜想。

　　通过观察斯坦福大学和麻省理工学院个人主页中朋友的列表，他们发现人们在自己的主页中通常只链接到一两个人，也有一些链接到几十人，但这种情况并不多见。这是幂律分布现象的又一次彰显。在这种情况下，幂律分布的含义就是，我们可以发现某些用户有大量指向其他人的链接，但大多数用户只有少数指向其他人的链接。有些用户知名度很高，吸引了大量链接，而大多数用户只得到一两个。在他们的发现中，一个更加惊人的结果是，在一个平均只链接到 2.5 个人的用户群中，形成了一个包含 1 265 人的连通社会网络和少数几个小网络。进而，考虑到相互链接的人之间通常多少会有些共同之处，通过分析文本、链接和邮件列表，他们可以预测谁和谁有朋友关系。他们的方法显示出一种很好的前景，即通过研究人们的网页间的链接关系，可能会发现人们在现实生活中的小世界网络。

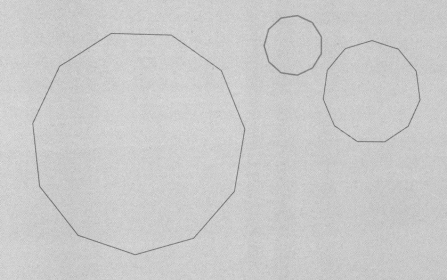

05

定律 5 超级用户思维，
　　　 驱动转化的利器

THE LAWS OF THE WEB

THE LAWS OF THE WEB

1. 网络行为研究所揭示的不仅有描述我们访问链接时的行为模式，还有关于人类行为的一个有趣的认识，以及一种影响人们上网行为的注意力经济的存在。

2. 人们在网络上的行为显现出了一种十分清楚的模式，并且可以预测。

3. 网络行为模式的研究揭示的另一件有趣的事情是，无论用户在网络上浏览什么主题，曲线都会保持不变，但其峰值和尾部向左还是向右移动与领域有关。

4. 对同一条信息，不同的用户愿意付出的代价（所花费的时间）是不同的。

　　书店，尤其是那些弥漫着温馨和好客氛围的书店，似乎拥有一种吸引人的神奇力量。人们通常都有这样的体验：走进一家喜爱的书店，浏览群书和杂志，从一张桌子或者一个书架逛到另一张桌子或者另一个书架①，注意到刚上市的新书，感受到社会潮流，或者寻找在家里看不到的新闻。最终是否会买一本书或杂志并不重要，要紧的是度过了一段静谧的时光，浏览和了解了出版界在提供什么新内容和思想。

　　想一想，对一个好奇的观察者来说，这种无意识的浏览活动可能看起来相当神秘和随意，应该不会有什么明显的模式可言。那么，是什么使得我们翻看某些书而不是另一些书呢？在一本书上花多长时间才会换到下一本书，或者是什么使我们的注意力集中到一本书的页面上？它是纯粹的随机意念使然，还是有什么虽然细节有所不同但适用于多数人的基本模式呢？

---

① 两个书架之间的衔接常常体现了与个人兴趣相关的某种联系。

　　将注意力从书店转移到网络，刚才描述的在书店中的浏览被点击网页中的链接替代。那些链接将用户从一个网页引领到另一个，可能属于同一网站，也可能属于另一个提供各种眼花缭乱内容的新网站。这样的活动，就是人们所说的上网，因为这种活动比较容易记录各种细节，所以可以进行详尽的研究。不同于书店的例子，在网络中，用户能在很短的时间里接触到很大的资料库，而且这些资料可能来自世界上某些遥远的地方。因此在书店中徜徉，从一个书架走到另一个书架的行为现在替换成在网页链接上简单的点击。进而，我们可以对使用模式进行跟踪，所达到的细节程度在现实的书籍和杂志世界中是不可想象的。网络行为研究所揭示的不仅有描述我们访问链接时的行为模式，还有关于人类行为的一个有趣的认识，以及一种影响人们上网行为的注意力经济的存在。

我们如何点击链接：
发现可预测的行为模式

　　为了理解网络，我们需要考虑一个人在上网过程中是如何点击链接的。想象某人要寻找一条特别的信息，他向搜索引擎提交一条查询，然后点击进入了一个看起来有希望找到正确答案的网站。在这里，这个人发现了一个指向某件事的链接，可能是意料

定律 5　超级用户思维，驱动转化的利器

之外但很有意思的事情。于是他点击这个链接，到达一个网页，上面有相关于最初查询的信息，这使他感到惊喜。这个网页因此对这个用户就有价值，他通过阅读内容得到一些收获。这个收获可能是快乐、节省了时间甚至金钱，但在这里对我们都无关紧要。浏览这个网页时，他可能又发现了一个跳转到另一个网页的链接，有望看到更多的信息，或者也许是更加接近于他所要寻找的信息，于是点击那个链接进入了网页，但内容不一定是他所盼望的。这个网页可能不同于所预期的那样好，而是良莠不齐。如果更好，它可能将他引导到更有意思的网页上，于是引起更多的网络浏览行为；或者，如果它没什么用，他就可能停止、回退，或许随便点击一个链接希望能到好一些的地方进行进一步探索，或者停止上网。所有这些的中心思想是，一个网页的价值与链接到它的网页的价值相关，尽管那个量在网页间是波动的。

从上述描述中可以看出，网络浏览行为是冲动、好奇心以及用户偏好等多种因素混合影响的结果，看不出有什么一般性的模式。更糟糕的是，在我们所谈的这个过程中，有待打开的网页的价值不可知，它只是在概率意义上与前面一个网页的价值相关。这不是人们所说的那种可预测过程。还有，在这个过程中，上网者可以学到的知识很多是取决于机会的。

但研究结果表明，人们在网络上的行为显现出了一种十分清晰的模式，并且可以被预测。我刚才描述的这种类型的行为，尽管本质上是随机的，但却以一种结构化的方式发生了。对这种结构的解释间接提供了关于个人网络浏览模式的理解，这种理解可以用来预测一个典型用户访问一个网站时产生的点击量。

为了理解这种充满机会性的过程，值得说一说 20 世纪初期在远离网络的一个物理学领域中，人们如何形成了对一种随机现象的深刻理解。1827 年，植物学家罗伯特·布朗（Robert Brown）在显微镜下观察到，花粉粒子会悬浮在液体中，并表现出一种特别不可预测的漂动路径，看起来不符合牛顿力学的原理。同样的现象也可以通过悬浮在水中的墨汁观察到。再比如，光束通过窗户进入房间，投射出一个亮亮的通道，其中的细微（尘埃）粒子看起来像是在随机舞蹈。科学家称这种现象为"布朗运动"（Brownian Motion）。这种现象一直都是一个科学之谜。直到 1905 年，爱因斯坦提出了一种对它的解释，其要点是，假定悬浮在液体中的微小粒子受到了液体分子的大量随机碰撞。爱因斯坦认为，在这种情景下，牛顿力学在很短的时间尺度上依然是有效的，但经过很长一段时间后，粒子和液体分子之间发生的大量碰撞使粒子表现出了剧烈的运动轨迹。于是，这个世界需要发明一种新的动力学，处理只在长时间段后才有意义的随机力。在这种动力学中，粒子的平均行为和长期运动的效果才是有意义的。这样，爱因斯坦成功地描述和预测了在一个波动环境中粒子的运动轨迹，

他为后来者的工作提供了一种关于布朗运动的精确描述。1925 年，法国物理学家琼－巴普蒂斯特·佩林（Jean-Baptiste Perrin）从布朗运动实验中精确地得出了一个相关的基本自然常数。

与布朗运动相关的研究工作产生了另一个重要成果，即物理学研究方法的进步。该方法可以巧妙地处理大量随机运动中粒子的平均行为，而不关心单个粒子精准的运动轨迹。这样，原先从行星和恒星的运动中得出的确定的自然规律突然被拓展了，而且通过分析方法得到了补充。正如人们可以谈论道路上的车流量，却无法预测某辆汽车将驶往何处一样，现在物理学家可以描述随机的行为，而不必详细了解作用在一个粒子上的所有力。此外，这是一种非常有效的方法，不仅可以讨论平均行为，而且对于平均行为的偏差也提供了可参考的信息。人们对于为什么星光会闪烁，以及为什么会在电台上听到噪声的科学解释，都是这种方法应用的例子。

那么，布朗运动和随机游走的粒子与上网有什么关系？答案是，它们被一种有趣而微妙的方式联系了起来。上网与粒子和力无关，而只是人们从获得的人、信息中发现的波动的价值。在每次点击后，用户进入一个新的网页，他得到的价值与前一次得到的随机相关。在这种认识下，我们唯一可以断言的是，当前网页对用户的价值与上一个网页的价值以某个概率相关联。当用户在这种活动中发现的价值达到某一特定的门槛后，他将停止上网行为；对应地，一个随机游走的粒子最终会碰壁。用户在停止上网前所发生的点击量，相当于粒子从起点开始到碰壁所花费的时间。如果我们知道了这个时间，就可以判断出在达到某价值门槛前的平均点击量。

用户行为的秘密

用户在浏览网页时发现价值的过程是随机的。即便是经常上网的用户访问同一个网站，每次也都会产生不同的点击量。这样，唯一可谈的有意义的点击量就是每次浏览的平均点击次数，而不是一个人在某天的特定时间点击的确切数字。

一个用户在某个网站中访问的网页数量可以通过他在这个网站里访问给定数量网页的概率来确定。通过考察布朗粒子从起点撞到一定距离之外的壁上的时间的分布，我们就可以确定这一概率。

有一个非常完美的数学公式可以描述这一分布规律。若表示成坐标图，纵轴为概率值，横轴为用户的点击量，图的含义就是对应不同的点击量的概率。这个图显示了用户在一个网站中最终的网页点击量的整体情况。

　　图 5-1 给出了用户在访问一个网站时的页面浏览量的数据,它准确地描述了实际用户的行为。人们之所以知道这一点,是因为我们团队做了若干次非常仔细的实验,测量了成千上万个用户在网络上进行的几百万次网络浏览请求。当浏览特定数量链接的用户比例被绘制成点击量的函数时,就会得到一条与基于随机游走参数预测相一致的曲线。

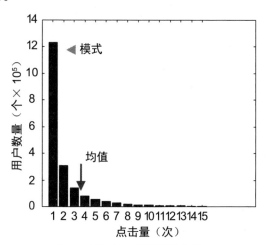

图 5-1　用户在一个网站内的点击量

注:纵轴表示用户数量,横轴表示点击量。请注意,由分布的最大值所决定的典型行为不同于平均行为或均值。

从这种规律中我们还能学到什么？一是我们注意到显示出的规律的曲线是倾斜的，好像是我们所熟悉的那种钟形曲线的一边被挤压到了墙上。一个倾斜的概率分布意味着某些不寻常的事情可能会发生，比如在一次上网过程中访问了大量的网页。然而，若对应用户最有可能点击次数的曲线峰值被推向左侧，则意味着在一次会话中所访问的网页都很少。这对于平均点击次数的计算造成了有趣的影响。下面的例子可以用来说明这一问题。想象在一个非常贫困的国家有一个小村庄，一位百万富翁决定到那里度假一年。在这期间，如果政府开展一次居民收入的普查，所计算出来的平均收入显然会远远高于那个富翁来之前的收入水平。因此，几年后来访问这个村庄的游客将很难在街头找到收入与当地统计报告中的平均收入一样高的人。

正如在贫困的村庄度假的百万富翁对当地居民平均收入水平统计产生的影响，浏览大量网页的用户也会使网页访问的平均数远远高于大多数用户上网时产生的网页访问量。这意味着，在处理由倾斜的曲线所描述的统计数据时，平均值传达的有关上网模式的信息很少。

网络行为模式的研究揭示的另一件有趣的事情是，无论用户在网络上浏览什么主题，曲线都会保持不变，但其峰值和尾部向左还是向右移动与领域有关。帕洛阿尔托研究中心的艾坦·阿达研究了 50 多万个用户在一个门户网站上的浏览模式，结果表明，信息查询的领域不同，用户的网络浏览模式也不同，但都符合上述基本规律。相应的情况如图 5-2 所示，不同曲线分别对应用户在不同主题网页上的点击量。

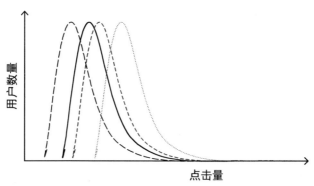

图 5-2 不同主题网页上的网络浏览模式曲线

如果每个主题的搜索行为对应着不同的曲线，那么我们就可以利用这一事实来改善网站的设计，特别是对于那些已成为电子商务重要渠道的门户网站，如谷歌、Excite 和 Lycos 等。门户网站一般都希望成为用户在网络上活动的起点，从那里将用户引导至诸如旅游和消费类电子产品的电子商务活动中。

典型门户服务的商业模式通常由两部分组成。第一部分是使用户直接从门户网站，或通过合作伙伴网站购买商品；第二部分是为了满足用户的信息需求，并在此过程中推送定向广告。这种做法的机制相对比较简单：用户进入一个门户网站，搜索信息，看到广告，然后离开。

虽然这种模式看上去似乎相当合理，但进一步的研究发现，该模式使门户网站面临着一种两难的境地。如同任何良好的商业服务一样，门户网站会努力为用户提供更好、更快的服务。然而，如果用户所需要的结果在入口或者在第一次点击进入该网站后就得到了，那么他可能就会离开或者再登录其他网站，从而错过了商家的广告，进而减少可能因此产生的消费。

如何让用户更有黏性

针对这个问题，目前许多门户网站都在采用一个所谓的"黏性"的概念与方法，即信息提供者想方设法将用户留在网站上，方式之一是展示一些有吸引力的链接，将用户引导至自己的网站上。另一种方法是，针对商品的不同类型尝试捕捉用户独特的网络浏览模式。这在精神上类似于经济学中被称为"消费者剩余"（consumer surplus）的概念，下面我用一个简单的例子来解释。

　　想象你邀请了一些朋友来家里吃晚餐，你需要做些准备。作为晚餐的一部分，你要烘烤一个苹果派。你在公司附近的一个超市里买了一些苹果，价格基本上反映了目前苹果供应和需求的正常水平。几个小时后，你正在手忙脚乱地做饭时，事故发生了——你正在烘烤苹果派的玻璃盘落在了地板上，苹果派完蛋了。这虽然很糟糕，但还算不上灾难。你发现在客人到达之前还有几个小时的时间，因此你决定再烤一个苹果派，于是你急匆匆地跑到附近的小商店找苹果。鉴于现在时间紧迫，你此时愿意为这些苹果支付的价钱可能会与先前的非常不同。在你愿意支付的价钱与之前超市的苹果价格之间的差别就构成了消费者剩余。如果店主了解你的紧迫感和偏好，就可以赚更多的钱，也就是说，同样的商品，此时他们能收到比平时反映宏观需求的价格更多的钱。

　　迁移到网上，访问门户网站时一个人所付出的代价是他浏览网页时所花费的时间。网站或门户网站的拥有者可以利用用户寻找不同类型的信息所形成的不同上网模式，来增加网页的访问量。我与阿达合作开发了一种被称为"时态区分"（temporal discrimination）的机制，就有可能实现这一目标。由于网页在一个网站内以许多复杂的方式相关联，时态区分提供了多条用户可以达到所期望的信息的路径。我们让每条路径都与用户在其上所花费的时间相关联，该时间取决于路径中链接的个数和用户花费在每个网页上的时间。在这种情景下，时间就成了用户为了获取信息所付出代价的体现。

我们用图 5-3 来解释这一过程，它显示了一个网站的基本结构。圆形节点表示网页，边表示节点之间的直接联系。用户通常从主页开始进入该网站。在这个例子中，我们的目标是黑色节点。用户抵达这一目标所用的时间是许多因素的函数，包括网站结构和他的专业水平。但就我们的目的而言，我们更感兴趣的是用户为抵达信息需求而产生的点击量。这种点击量也可以被看成是时间的函数。用户可能一步就抵达目标，或者因为不了解网站的组织结构，需要多点击几个链接后才能抵达目标，于是获得所需信息的代价就变得比较高了。

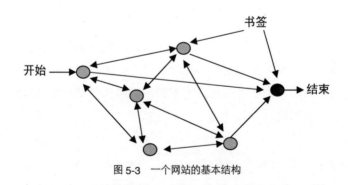

图 5-3　一个网站的基本结构

另外，用户也可以将一个链接作为书签存储起来，在这种情况下，他就可以直接访问所需的页面，而不必一步步浏览了。这

意味着，对同一条信息，不同的用户愿意付出的代价（所花费的时间）是不同的。

如果用户愿意为同样的事物付出不同的代价，那么我们就能够在时域上绘制出一条需求曲线，表现不同的用户通过不同的点击量来访问相同信息源的情况。通过给定网站中信息的链接结构，图5-4表明了用户愿意为访问给定服务所花费的时间（点击量）。这是我们通过分析一个热门网站上50多万个网民的网络浏览模式的数据而得出的结果。它们反映了一个事实，即存在一个网络浏览规律，给出了用户以一定的点击量上网的概率。

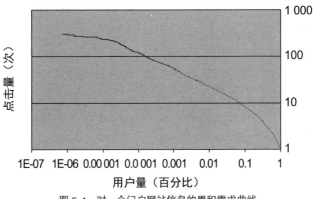

图5-4　对一个门户网站信息的累积需求曲线

注：纵轴表示点击量（相当于以时间消耗计量代价），横轴表示至少
　　执行了相应点击量的用户量（百分比）。

　　需要注意的一点是，如果对任何种类的信息都存在这样的需求曲线，那么当信息提供者通过一个固定的点击量来满足用户不同程度的需求时，他们就没有利用一些用户为了得到同样的信息所愿意花费的额外时间。

　　有两种策略可以用来提高访问门户网站或电子商务网站的用户的网页点击量。第一种策略比较普适，适用于任何商业网站；而第二种策略则适用于信息提供商，比如搜索引擎和商品目录。

如何构建一个网络

　　第一种策略包括建立一个网站，该网站可以改变它的链接结构，以延长用户浏览的路线，从而使他访问更多的网页。比如，如果某给定的网页存在一条短路径（点击量），但统计上显示用户愿意访问其间更多的网页，就可以取消这条短路径。这种动态组织的一个例子见图5-5。

　　请注意，用户进入第1页后只有2个选择：进入第2页或离开该网站。在第2页，用户有4个选择。如果我们能够比较准确地预测出用户的轨迹是否将通过第4页或第5页，并且有用户愿意继续点击下去，就可以删除从第2页到第4页或第5页的直接链接。

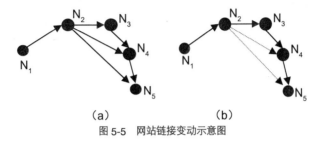

（a）　　　　　　　（b）

图 5-5　网站链接变动示意图

注：节点表示网页，依次向右边连接起来。（b）与（a）相同，但从节点 2 分别到节点 4 和节点 5 的链接可以被接通或者断开。

第二个策略直接依赖于上网规律的存在，这一规律决定了在一个网站上浏览到某一深度的用户数量。基本方案包括从一些服务质量水平稳定的若干网站中分别收集数据。这些数据会有如图 5-2 所示的形状。曲线的最大值显示出用户上网的典型链接数量，这告诉我们应该何时提供高质量的信息或者给出一点儿激励让用户跳转到其他网页。

为了将曲线中位移最大值所表明的盈余提取出来，我们可以针对这种服务设计出一种具有不同品质特征的网页版本。这种新版本可以集成到服务中，按照从用户访问日志中训练出来的决策规则来决定应该将哪个版本的服务提供给特定的用户。这样，一些用户在上网时看到的可能就是这个新版本，从而在相关的网站上停留较长的时间。

　　用户的上网行为呈现出一种很强的规律性，网络信息内容提供者能够利用它来产生价值。具体方式有许多，这里只介绍了少数例子。

06

定律 6 只有合作，
才能共赢

THE LAWS OF THE WEB

透视
互联网

THE LAWS OF THE WEB

1. 互联网的困境是，在个体的行为具有选择性并在一些细节可知的情形下，如何将一群人的行为分别与它们所产生的丰富多彩的社会后果关联起来。

2. 尽管用户数量很大，但网络的基本特点为"合作是平衡态"。换句话说，大多数时间现有带宽都能满足大多数网络用户的需要。

3. 在网络环境中，集体利益随着"合作者"数量的增加而扩大，于是我们可以想象一种集体利益扩大的速率，它以"合作者"的数量为基础。

定律 6 只有合作，才能共赢

许多人都熟悉这样一个场景。当你和一群朋友到一家不错的餐厅吃饭时，如果大家的经济状况都差不多，那么就会有一个不言而喻的共识：账单将由大家均摊。你会点什么菜呢？主菜是便宜的鸡肉，还是价格不菲的羊排？是一杯餐厅自酿的葡萄酒，还是 1983 年酿制的赤霞珠？如果多出几块钱大家平分，其实不会太影响个人的钱包，但如果每个人都像这样去点贵的菜，那么你们这群人最后可能就要面对一张巨额的账单。但如果他们不这样想，你就可以享受一顿物超所值的晚餐。相应地，那些胃口一般的人就会为他们挥霍的同伴付账。在这种均摊的机制下，当其他人都要享受烤野鸡时，你为什么就满足于吃面点这样的主食呢？

这种大伙儿一起吃饭的情况还面临着一个问题。有可能这群朋友每星期都会外出吃饭。这样，你不一定记得谁比较挥霍，谁比较自律，但你应该记得上星期你花的钱，这样你大概能算出有多少人点了较贵的菜，占了便宜，又有多少人点了比较便宜的菜而体现出一种"合作"精神。这会影响你下一次该不该自律，如

果你对以往每星期积累起来的账单都记得很清楚，那么则尤其
如此。

网络堵塞，
无顾忌晚餐者的困境

《科学美国人》杂志中的一篇文章将这种情景称为"无顾忌
晚餐者的困境"（unscrupulous diner's dilemma），虽然听起来好
像很有趣，但所反映的意义是认真严肃的。聚餐者面对的这种困
境其实代表的就是我们社会中普遍存在但却难以解决的一类问
题。环境污染、敌对双方之间的军备竞赛、人口的爆炸性增长、
电力的消耗和石油资源的保护及慈善捐助等，都是一种困境。这
类例子还有很多，比如一个人（或参与方）会因为没对公共事业
做出贡献而占些便宜，但如果所有人都不愿意做贡献而是推卸责
任的话，大家都将得不到好处。

这种社会困境的一个有趣的例子也表现在网络的使用上。互
联网用户通常会支付一定的费用。不过，互联网作为一种公共物
品，用户不是依据使用它的比例缴费的。因此，一个人有理由认
为，随意占用带宽不会对互联网的性能产生什么大的影响。如果
每个人都这么想，整个互联网的性能就会严重恶化，进而影响每

个人。但是，从单个用户的角度来看，通过自我限制网页下载来化解互联网的堵塞问题也不是一个非常合理的策略。

这些困境自从被明确提出后，就吸引了社会学家、经济学家和政治学家的兴趣。这些困境所显现出的情况是许多重要问题的核心。比如，有些合作性质的事业是在诸如工会和环保组织这类自愿参与的机构之间开展的，那么如何能够让这样的合作持续下去呢？是不是需要一个无政府但正常运转的社会？尽管人们没有找到解决这些社会困境的简单方案，但对它们的研究折射出了人类社交的本质，以及反映出了社会契约的存在。这些困境与个体之间的相互作用和整体的行为或结果相关，反映出一些社会现象的根本问题。这个问题就是，在个体的行为具有选择性并在一些细节可知的情形下，如何将一群人的行为分别与它们所产生的丰富多彩的社会后果关联起来。

研究社会困境的一种方法是进行可控的实验，基本方法为：召集一群人，让每个人都在一组选择中进行取舍，这组选择要体现全局利益和个人代价的冲突。人们已经做过许多这样的实验，其中不少支持了经济学家曼瑟尔·奥尔森（Mancur Olson）在 20世纪 50 年代提出的一个假说：自愿性的合作在较小的群体之中更有可能得到保障。通常，这样的实验在大学生群体中进行。每个人都可以选择进行合作来分享群体的总收益，或者逃避合作，就算对群体产出没有贡献也可能会得到一些好处。然而问题是，如果所有人都选择逃避合作，那谁也得不到好处。这类研究也揭示出了鼓励参与者进行合作的一些特定条件。比如，一个实验结论认为，反复进行相同的实验有利于鼓励合作。这些听起来很有趣，但有人批评这样的实验没有反映真实生活的情况，因为在实验中，每个人都只是在给定的两个行为中进行选择——合作或者逃避责任，而忽略了在日常生活中各种复杂的因素。

关于网络堵塞现象的研究给我们提供了观察社会困境的另一种方式，而且不需要在像上述实验室环境中做过多简化。在这种情况下，尽管用户数量很大，但网络的基本特点为"合作是平衡态"。换句话说，大多数时间现有带宽都能满足大多数网络用户的需要。如同自然资源（如清洁的空气）的消费者，或者交通高峰时段的司机，网络用户也面临着一种类似的社会困境，被称为"公地悲剧"（the Tragedy of the Commons）。社会学家加勒特·哈丁（Garrett Hardin）最初研究了这个问题。他研究的公共财产是由一群牧羊人共同拥有的一片牧区。从全体牧民的利益角度来看，最好是大家都适当地控制羊群的规模，防止牧场被过度消耗。然而，对每个牧民来说，自己拥有的羊群规模越大越好，因为牧场是免费资源。

更糟糕的是，尽管每个牧民都能够认识到从公共利益出发，他不应该肆意扩大自己羊群的规模，但他会认为即使自己不这样

做，其他人也可能会这么做。于是，在这种情形下，每个人都从自己的利益出发，尽量多地占用公共资源，一方面使自己受益，另一方面也不吃亏，尽管他们知道都这么做的话，会产生很糟糕的结果。

互联网带宽也属于公共物品，这在许多方面都有体现。本章我们将讨论其中两点：第一，网络堵塞和从网上下载一个网页的时间；第二，这种情形主要出现在像文件共享网络 Gnutella 这种对等（peer-to-peer）分布式系统的运行中。

我们来讨论一下网络堵塞的问题。互联网用户不是按照他们使用带宽资源的比例付费的，这就会使人们觉得可以肆意消耗带宽而不会对网络的整体性能产生什么影响。如果每个人都这么想，互联网的性能就会变差，因此所有人的上网体验都会受影响。不过，当人们感受到堵塞时，就会减少甚至放弃使用网络，带宽也就空下来，接着就又可以使用了。现在的技术能使我们很容易地监测到这种现象，因此可以使我们有机会在这种自然的背景下研究和揭示社会困境。同样有意思的是，在这种背景下，人们可以很精确地测量相关行为，为我们理解合作的本质，以及理解网络堵塞的本质带来了新的契机。

社会动力学的数学理论可以描述我们所观察到的结果，并做出可被实验验证的预测，这又为我们多提供了一种研究社会困境的方式。这方面的一个数学基础是博弈论，它是 20 世纪 40 年代中期由数学家约翰·冯·诺伊曼（John von Neumann）和经济学家奥斯卡·摩根斯坦（Oskar Morgenstern）提出来的，旨在阐述在经济利益和对抗性场合下个体的行为。博弈论依赖于一组基本假设，这组假设是对人类真实行为的一种粗略总结。其一，个体在行为方面的各种选择可以按照某种回报函数排序。这种回报函数给每种选择都赋予了一个数值：可以看成是多少美元或者多少个苹果。其二，个体行为是理性的，用博弈论的语言来说就是，他们会选择能够产生最高回报的行动。虽然我们可以争论，人们总会前后一致地进行理性选择，但在简单的情景下，如果可供选择的各种可能性不难理解，人们表现出来的直接行为就会体现这种理性。比如，在井字棋游戏（tic-tac-toe）中，玩家的行为就是这样，一旦了解了规则，他们所做出的动作在外部观测者看来都是完全理性的。在博弈论框架下，经济学家和政治学家已经提出了若干关于社会困境的理论。

"无顾忌晚餐者的困境"所反映出来的那类社会问题很容易映射到博弈论框架上。在这种情景下，公共利益的取得是通过最小化公共损失（账单上的钱数）来获得的。每个参与者都有两种选择："合作"与"逃避"：合作意味着不点那么贵的菜；逃避是不惜花钱（花集体的钱）。当然，由于博弈论采用的是理想化的

数学模型，而晚餐者的困境是真实生活中的情形，因此这个映射并不完美。在现实生活中，人们聚餐所追求的不仅仅是极小化餐费，还有聚餐时享受到的愉快时光（这难以用钱的多少来衡量），而且一个人决定点什么样的菜也与多种因素有关，比如同伴的压力和个人原则等，它们都是很难被量化的。

　　将上网的情形放在博弈论框架中分析，可基于如下假设：用户总是试图极大化他们访问网络的速度[1]。如果他们在使用网络上表现出了一定的自律，就可以认为他们是"合作者"；如果他们很贪婪地消耗带宽，则可认为是"逃避者"。现实中，用户通常不会去想他们是"合作者"还是"逃避者"，他们停止下载网页主要是因为网速慢，而不会想到他们行为的性质。但从博弈论的角度来看，停止上网行为实际上就是减少堵塞，这就是合作。停止上网的人越多，信息通过互联网的速度就会越快。因此，在网络环境中，集体利益随着"合作者"数量的增加而扩大，于是我们可以想象一种集体利益扩大的速率，它以"合作者"的数量为基础。在互联网上，这种扩大速率与网站被访问的速度成正比，是一个在多种时间尺度上都显示出消长特性的一个量。另外，每个"合

---

[1] 现实中，用户不一定需要极大化访问网络的速度，只要足够快就可以了。因此，为了便于理论上的处理，作者在这里用了一个比较简单的假设。——译者注

作者"都会付出一个代价，对应于他访问网站的延迟。

当成百上千万用户进行着同一项活动——下载网页时，网速会变慢。此时，你可以停止上网，等带宽充裕了再重新开始下载。这样一来，互联网上的堵塞程度也就会相应地消长，这反映了社会困境背后的动力学原理。由于网络用户并不互通信息，更不知道其他人在做什么，所以人们有理由认为堵塞会在很大的范围内波动，就像静电对无线电广播信号的干扰一样。

但是，当我和拉简·鲁克斯考察由这种社会困境导致的堵塞消长现象的细节时，我们发现其显现出的模式与无线电的干扰相当不同。尽管在多数时间，可用的带宽并没有被贪婪的行为完全占据，但网络会出现突然的堵塞高峰，这种现象有时被称为"互联网风暴"，此时信息访问的速度慢得令人不可忍受，用户会减少或者停止上网行为，因此风暴很快就会消退下去。我们进一步发现，这些断断续续出现的堵塞高峰不符合人们熟悉的钟形正态分布，而是非常倾斜的，这意味着在大多数时间里，网络堵塞不严重，只是偶尔会出现一个大的堵塞高峰。互联网风暴的令人吃惊之处在于，它们反映了网络用户之间在大范围内的一次"合作"，尽管每个人都不知道其他人的存在。这是因为，一个短暂的、高强度堵塞的突然发生，一定是由许多人同时使用互联网造成的，并且他们几乎会同时停止上网。这种隐式的合作就是社会

困境的产生的原因，这种社会困境的特征是以互联网风暴的形式表现出来的。

人人都该懂的互联网思维

合作与逃避

我们通过两个实验验证了这些预见。第一个实验测量了信息在两台计算机之间的往返时间。我们让分布在世界各地的一些计算机相互发送或接收数据包，看它们往返所花费的时间。通过在一天中多次将成千上万个数据包发送到分布在世界上的许多台计算机上，我和鲁克斯得出了在给定时间里能完成一个往返的数据包的个数。如果将这个实验结果以坐标图的方式呈现出来，以表示时间（以毫秒为单位）和完成往返的数据包个数之间的关系，就得到了一个时间分布，即网络堵塞现象的一种统计测量。当我们完成这些测量时发现，该坐标图揭示的影响数据包往返时间的堵塞分布与理论上的预测相符，即人们观察到堵塞现象的概率呈长尾倾斜状分布。

第二个实验是从远方网站下载一些网页，测量网页抵达发出请求的计算机的时间。同样地，我们得出了与数据包往返时间相同的分布方式。

如何在社会困境问题的一般性框架中测量出互联网风暴的存在呢？这个问题在数学领域有一个详尽的回答，我们不用任何公式也可以描述这种理论的基本要点。首先，我们需要对网络用户下载网页遇到延迟时的行为有一些认识（假设）。这个相当简单，即用户自己会对网络可用的程度有个把握，如果他们感觉网络速度明显变缓了，就会停止上网，期望这样做后网络不会那么堵塞。但如果下载的信息很重要或者很紧急，那么放弃下载，待会儿重新再来就意味着要付出一定的代价。用博弈论的观点来讲就是，用户自己会决定在两个行为之间做选择：合作还是逃避。在这个过程中，他们会考虑推迟当前活动的代价，以及对将来网络状态的预期。遇到网络堵塞的用户倾向于相信其他人的网络也同样被堵塞了，并且预测如果他们短暂放弃一下，那么网络可能就不那么堵塞了。类似地，如果网络没有发生堵塞，用户就会倾向于利用这种优势，占用所要求的带宽。这样，用户相信其他人也会有类似的行为。

几年前，我和纳塔莉·格兰斯一起研究了社会性困境的动力学原理，针对带有上述及其他一些预期的人群。我们发现存在一种有条件的群体合作策略，可以最大化群体成员的效用。这种策略可以被简单地表达为：**如果一个网络用户的效用大于一个临界值，他就会选择合作，否则就会选择逃避。这基本上是一个门槛条件，满足了采取一种动作，不满足则采取另一种动作。**

即使所有的网络用户都用这种条件策略在网络上获取信息，也总是不时地有偏离平衡态的波动，参与上网的个体可能会在短时间内进行动作的切换，一会儿关闭网络，一会儿大量下载网页。这些切换的发生与多种因素相关，包括获取信息的紧急程度、获取信息时的耐心程度、个人不清楚网络堵塞情况到底如何，以及互联网环境的随机变化程度。每种不确定因素都能引起个人对互联网带宽当前使用量产生不同于实际情况的错误认知。基于这种错误的认知，用户可能会逆着平衡态方向行动，引起系统偏离不动点。系统的不确定性越高，存在偏离平衡态波动的可能性就越大。

当波动在一定范围内发生时，系统会在一段时间里恢复，所需的时间会遵循一个动力学方程，该方程可以体现偏离平衡态的波动。该方程的解表明，在约束条件下的典型波动会以指数级的速度回到平衡点。这样，就有了一个惊人的结果，即那些采取逃避行为的个体的平均数会随着时间增加。这表明，系统的行为由那些偶尔突发的大规模的堵塞支配，具体来说就是，在某一时刻，使用互联网的个体的数量突然变得非常大，导致"互联网风暴"。我们前面在分析上网规律的时候讨论过这种现象和平均行为之间的差别，就相当于在生活中，大多数人挣的钱要低于平均值。因此，在互联网领域，用平均下载时间的概念来阐述互联网的堵塞程度就不是特别有意义。

当我们讨论由互联网流量引起的平均性能时，平均行为和典型行为的不同引发了一个需要注意的问题。比如在第 5 章所提及的，一个百万富翁到一个镇子上度假，可以提高当地人口的平均收入，但这不意味着镇子上的居民变得富有了。这样，一些目录服务（directory service）所提供的访问延迟统计数据通常都是它们所包含的几千个网站的平均值，如果用于预测堵塞程度，就可能会产生误导。通常，一个典型互联网用户体验到的迟缓要小于这种平均迟缓。

这种现象展现了社会困境的动态特性。网络堵塞规律的存在不仅有趣，而且有助于设计可以加速互联网信息流的算法。这是我们在下一章将要探讨的主题。

接下来，我们讨论社会困境在互联网中的第二个体现。这个话题关系到网络上新兴的应用程序的突然显现，如 Napster、Gnutella 和 FreeNet。这些应用程序因为涉及侵权的问题，以及所表现出来的对于成熟的音乐制作产业的威胁，被媒体炒得沸沸扬扬。但从技术应用的角度来看，它们给完全分布式的信息共享系统的构建带来了很好的前景。这是因为，这些对等系统不仅允许世界范围内的用户访问其他人的信息，而且还可以向其他人提供信息，同时也能享有一定程度的隐私，这在最常见的网络服务，即客户 / 服务器体系结构中是不可能实现的。

数字版权保护，
应杜绝"搭便车"现象

人们将大量注意力都放在了免费音乐下载系统和它们造成的侵权问题上。但这种系统本身还存在一个重要问题，即如何能够在这样大规模和匿名系统中保证有足够多的合作，使它们变得真正有用。由于没有谁在管理和控制这种系统的用户，没有人保证谁会将文件上传到网上（生产）供其他人下载，也没有人去管谁会从远程的计算机中下载了这些文件（消费），更没有做相关的统计，于是随着网络中用户社区的变大，用户有可能会停止生产（不再上传文件），只是消费，造成所谓的"搭便车"现象。这种现象也源于一种所有用户都要面对的社会困境，即使他们没有意识到它的存在。

我们已经讨论论过，在一般的社会困境中，一群人在自由生产和使用一种公共物品的过程中，没有中央权威的控制。像Gnutella 那样的系统，公共物品是为用户社区提供一个包含巨量文件、音乐和其他文档的数据馆。另一种公共物品则可能是系统中人们共享的带宽。**每个人都面对的问题是：对公共物品的形成有所贡献，还是逃避责任，在他人的贡献上"搭便车"。**

在 Gnutella 中，各种计算机文件都是公共物品，用户不需要按照它们的使用比例付费。于是对个人来说，只是下载音乐文件，而不使自己的文件被他人下载（从而对系统做出贡献）是合理的行为。因为每个人都可以这么想，在他人的贡献上搭便车，于是整个系统的状况就会严重受到影响，每个人就都无所可得了。这就是数字共享空间（digital commons）的悲剧。

"搭便车"还可能引发另一个问题，即由于系统中隐含着用户信息可能被泄漏的风险——个人希望保持匿名的情况下而被识别为系统用户的风险。在一些场合，个人也许希望保持匿名，但如果在系统中有可能被识别出来，就是风险。如果只是少数个人对公共物品有贡献，那么他们实际上就成了少数集中的服务者。在这种环境下，这些用户会变得易受伤害，比如法律诉讼、拒绝服务攻击、失去个人隐私等。像 Gnutella、Napster 和 FreeNet 这样的系统，其基本定位就是要成为一种将众多的个人团结在某些社区目标上，同时使每个人都能"隐藏"起来。这些社区目标可能包括提供一个言论自由的论坛，以及提供个人隐私保障等。

有了这些问题，我和艾坦·阿达决定进行一组实验来定量地确定 Gnutella 系统中"搭便车"行为的程度。结果发现，"搭便车"的用户群体占了 70%，他们享受系统的好处，但没有对系统的内容做出贡献。

如果像 Gnutella 这样的分布式系统依赖于志愿者的合作，那么这种普遍的"搭便车"行为可能最终会毁了它们，因为没有多少人会贡献新的且高质量的东西。这样，与系统可能面临的崩溃相比，当前关于版权的争论可能就变得不是问题了。这种系统崩溃的可能性由两个原因引起：数字公共空间的悲剧和系统伤害性的增加。

参加 Gnutella 系统的个人可以通过两种方式做贡献。第一，上传文件，使其他用户可以访问。第二，积极参与这种网络的协议，提供使网络能够形成的"胶水"①。这样就有可能形成一个局面：所有用户都有贡献，可他们都没有提供可供下载的文件。然而，到一定时候，只作为网络节点的用户对系统的贡献会越来越少，至少从以下两个方面导致服务质量恶化。

首先，提供文件的用户只能处理有限数量的文件下载链接。这种有限性本质上可以被看成是计算机的带宽限制。想象只有很少几台计算机对大多数文件请求提供响应，而到这些用户的链接

① 当我们讨论 Gnutella 之类的系统时，提到的网络不同于前面一直在说的"互联网"。像 Gnutella 这样的系统，也是由若干计算机构成的网络，但是在互联网之上形成的一个所谓的"覆盖网"，靠参与计算机的某种统一的编码实现相互间的联系和信息的转发。因此，一台计算机可能作为信息转发者存在于这样的网络中，于是作者在此用"胶水"来描述。——译者注

是有限的，因此很快就饱和了，一直持续下去，实际上就阻碍了大部分用户从它们上面获取内容。

其次，在"搜索边界"（search horizon）上附加宿主机的影响。搜索边界是在一次搜索请求中可达的最远的宿主机集合。比如，设定请求存活的时间为5，这意味着搜索消息时将最多到达那些在5跳之内的用户。任何6跳和6跳以上的宿主机就是不可达的，则称它们在搜索边界之外。随着 Gnutella 中用户数量的增加，越来越多宿主机被推到搜索边界之外，由那些宿主机保有的文件就变得不可达了[①]。

对于 Gnutella 这样的系统，有一个流行的观点是，由法律诉讼或者攻击所导致系统关闭的风险将越来越小。比如，用户认为唱片公司不可能去起诉所有人。这种观念在舆论中扩散开来，使用户相信只要有其他人的存在，自己就是安全的，因此可以自由地使用该系统。不幸的是，有证据表明，Gnutella 提供了一种虚假的安全感。

正如我所指出的，实验揭示了提供大部分共享文件和响应搜

---

① 这一情形只对 Gnutella 适用，并不是所有对等系统都有这种问题。——译者注

索请求的只是一小群人。这些少数提供者就像一种集中的服务器，由若干对等的用户构成。这样，唱片公司不需要起诉所有的人，甚至也不需要起诉多数人，他们只需要找到那些提供顶级服务的用户（非常少，但服务量很大）。

那么，我们如何克服"搭便车"的行为呢？

有许多改善 Gnutella 的方法，使它在享有隐私保护的规则下，实现更有效的扩展。因此，搞清楚不同的文件共享应用是如何依赖技术特征使用户参与共享，是一件有意思的事情。FreeNet 就是一个例子，它强制被下载的文件缓存到多个宿主机中。这使数据能够在网络中自动复制，让那些联网的计算机在无意识中也可以提供共享文件。不幸的是，这样的系统倾向于复制那些"坏的"或者非法的数据，以及那些"败坏的"宿主机上的内容。在 FreeNet 中实现自动复制的另一个代价是，文件唯一的标识迫使用户需要准确地知道自己在找什么。

Napster 能够将所有下载的文件放到一个共享的上传目录中。通过这种方式，当一位用户下载一个文件时，它就能被自动共享。这个特征从某种程度上解决了 FreeNet 的问题，因为用户可以将"好"文件保留到自己的计算机中。用户可以轻易地避开这种共享的上传或下载目录，并且经常就是这么做的。这两个系统各自具备解决"搭便车"现象的方案，但代价是又给系统引来了其他问题。

对于这个问题，另一个可能的解决方法是将本来的公共事物转换成私有的。这可以通过基于市场的结构来实现，允许对等用户来买卖计算机处理资源，就像是科幻片《再生侠》（*Spawn*）中的超级英雄再生侠一样。在这种情景下，用户看重的不一定与金钱有关。例如，声望或地位能促使人们参与诸如 Linux 那样的开源运动，搜寻地外文明的"凤凰计划"（SETI）也是如此。显然，对于一个拥有计算机的人来说，如果能发现第一个外太空的智能信号，无疑是一种极大的鼓舞。

另一种克服"搭便车"现象的方法是，减少这类系统用户所付出的代价。比如 Usenet 系统，它允许用户有一定程度的匿名性，同时让用户的信息通过一种基础设施来分发，这就减轻了用户对带宽的需求，是一种很明显的优势。这样，用户付出的唯一代价就是提交最初的信息。在这之后，信息就由系统传播了。

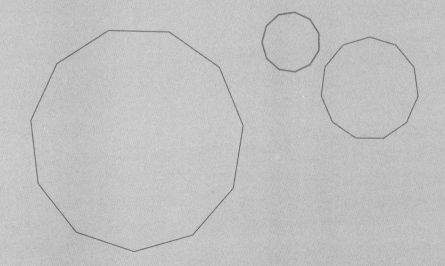

07

定律 7　一切都要实现高效的折中

THE LAWS OF THE WEB

透视
互联网

THE LAWS OF THE WEB

1. 当前，人们提出了一些管理网络堵塞现象和减少通信时间可变性的方案，其中大多数着眼于开发某种基于使用量的定价。因此，如果没有更好的办法，未来就有可能会按照用户发送的与完成交易相关的信息量来收费。

2. 人们需要这样一种机制：缩短在两台计算机之间传递信息的时间，并减少其可变性。

3. 为了减少完成电子交易时间的可变性，以及提高电子交易的速度，用一种投资组合策略将会带来有益的结果，即使许多用户都采用这种策略。

　　我在浏览器中设定的默认主页时常会给我推送各种新闻。有一天，主页给我推送了一则有趣的故事。美国国家航空航天局（NASA）送往火星的一个复杂且昂贵的空间探测器与卫星地面跟踪站失去了联系，原因是火箭的压力数据从英制转换成公制时出现了错误。这种愚蠢的错误引起了我的好奇心，决定到 NASA 的网站上查个究竟。我点击了一个指向 NASA 网站的链接，但没有任何反应。怎么可能呢？当时应该有成千上万人对这个故事感兴趣，试图浏览同一个网页。这是一种比前文讨论过的更大程度的互联网堵塞现象。不仅 NASA 的网页像洪水般地在互联网上到处流动，而且位于帕萨迪纳（Pasadena，NASA 网站服务器所在地）的服务器很可能也无力应付所有涌向它的请求。我等了大约 10 秒钟，感到有点儿郁闷，就点击"停止"按钮取消了请求。几秒钟后，我点击"刷新"按钮，令我吃惊的是，网页立刻显示出了内容。所有这一切不过就是"停止、刷新"，如同魔法一般，网页突然就出现了。

刷新，有效减少网络堵塞

凡是经常上网的人大概都遇到过同样的问题，而且在多数情况下刷新这种策略是奏效的。点击一个超链接，等几秒，如果没有任何反应，就停止然后重新加载。如果堵塞现象的出现几乎是随机的，这样做不会有什么意义。但如同我们在第 6 章所看到的，网络堵塞现象的发生具有突发性或阵发性。于是，网页（或信息包）在两台计算机之间通过同样距离所花的时间有很大的不同。有时候用户能够通过服务器在很短的时间里访问一个完整的网页，而有时候访问同一个网页则需要花费很长的时间。这样，当我们点击"刷新"按钮，如果立刻得到了网页，那么实质上是落在了两个堵塞高峰之间——在两次堵塞阵发之间，网页的内容完成了从服务器到客户端的传送。

如同多数网络用户注意到的，信息在传递时间上的可变性并不总是一件坏事，实际上这可以加快网页的加载速度。但这种可变性也隐含着一些不太好的影响。比如，对于通过互联网用外币进行交易的人来说可能就会产生问题。由于这些电子交易涉及在网络上计算机之间信息的交换，其完成的时间就会有很大的变动，如果所交易物品的价格变动得很快，后果可能就很严重。没有人希望发生这种事情：为买卖某样商品，看到的是自己计算机屏幕上显示的价格，点击"确认"按钮后却发现，服务器上显示

的价格变了。在互联网时代，由在地域上分布的计算机构成的网络成为通信和商业谈判的媒介，当这些计算机用于稳定、安全和可靠地支付"现金"时，减少电子交易流转时间的可变性就显得极其重要了。

当前，人们提出了一些管理网络堵塞现象和减少通信时间可变性的方案，其中大多数着眼于开发某种基于使用量的定价。因此，如果没有更好的办法，未来就有可能会按照用户发送的与完成交易相关的信息量来收费。这种成本类似于通过普通快递寄一张票据的邮资，也类似于在自动取款机上取钱的手续费，或者类似于高速公路费，等等。

对于银行这种涉及大量交易的机构来说，互联网这种新颖且综合性很强的信息传递渠道也带来了一些重要问题，比如如何高效地管理由互联网引发的成本增加和风险。正如银行为了降低成本而鼓励人们使用自动取款机一样，它们建立了应急预案，以防出现意料之外的情况，影响诸如支票等重要物品的递送。为了管理电子交易所涉及的成本与风险，银行也需要考虑各种可能性。不过，对于综合性电子交易渠道来说，需要关注的成本与风险将大大减少，因为诸如自动取款机磨损之类的问题都没有了。事实上，在任何电子商务中，完成一笔交易所需要的时间就成了最需要优化的参数，它代表了整个交易的成本。

　　但是，如我们前面已经看到的，完成一笔交易的时间是一个因素，时间的方差也在其中发挥着作用。用金融业的术语来说，人们可以认为交易时间的方差也是与之相关的风险，它告诉我们传递一条信息所花费的时间不同于平均时间的可能性。这种风险对于银行这种有大量交易的机构尤为重要，它们常常需要为一个用户协调许多不同的交易。这些交易可能以一些复杂的方式相关联，以某种特定的顺序来进行。

　　因此，人们需要这样一种机制：缩短在两台计算机之间信息传递的时间，并减少其可变性。在前面讨论网页加载的情形时，我们发现了一种相当简单的手动方式，即点击"刷新"按钮。这种手动操作的方法虽然对于电子商务来说不太切合实际，但却为互联网上的各种交易提拱了一种类似且可以自动实现的策略，包括银行进行的资金交易或者搜索引擎"爬取"到的网页。这种策略的基本思路就是在最优的时刻重启网页请求，或重新发送信息，使得信息传送时间及其可变性都明显减少。通过借鉴金融领域的观念，我和曾经在帕洛阿尔托研究中心工作的鲁克斯、塞巴斯蒂安·莫勒一起研究出了这样一个策略——自动重载机制（automated reload mechanism）。

自动重载机制

自动重载机制的基本想法来自投资组合理论。在现代投资组合理论中，如果称一个投资人是厌恶风险的，就意味着他可能更倾向于持有那些预期回报率比较低的资产，以换来较低的风险。不过，投资组合理论中还有一个非常有意思的结论：投资组合的简单多样性同时具有高回报和低风险的特点。类似地，在电子商务中，我们可以考虑不同的方法来执行交易，类似于资产的多样性，所产生的混合策略可以在交易平均时间和方差（时间上的风险）之间实现高效的折中。借助金融业中的投资组合，我们设计了一组刷新策略，利用这种策略执行的交易既速度快，方差也较小。为了解释这种技术是如何运作的，我们先来分析一下分别从 4 万个网站下载首页的时间。如图 7-1 所示，纵轴表示网页数量，横轴表示所用的下载时间。曲线的最高处是一种典型的现象，我们可以从图中得到的结论是大多数网页需要的下载时间是 250 毫秒。事实上，这个分布曲线上长长的尾巴则意味着某些网页用了很长时间才抵达用户的计算机。因此，我们需要做的是让高峰向左移动（较短的下载时间），并且使曲线变窄。这意味着方差将变小。

在互联网出现堵塞现象时，采用不同的刷新策略类似于在金融投资中考虑的资产多样化：在完成一个请求所需平均时间和该时间方差（或者说风险）之间有一种高效的折中。

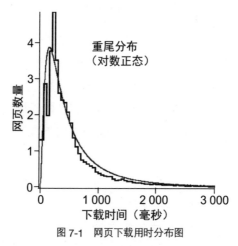

图 7-1 网页下载用时分布图

想象这样一种情形，信息发出了一段时间之后没有收到确认信息。这段时间可能很长，如图 7-1 那样在延迟分布中带有一个长尾。这时，我们有三种可能的选择：第一种，继续等待确认信息；第二种，发送另一个信息；第三种，如果网络协议允许，取消前面那个信息后再发送一个。为了简单起见，我们讨论第三种选择。由于网络是波

动的，所以只能讨论在一个给定的刷新时间内网页将被下载的概率。类似的，也有一个网页需要花比刷新时间更长的时间才能到达客户计算机的概率。从这个概率出发，我们可以计算下载一个网页需要的平均时间。由于平均时间会随刷新时间的变化而变化，它就成为刷新时间的一个函数。我们也可以计算平均下载时间的方差，它表示在给定的刷新时间点上点击"刷新"按钮能在该平均时间内成功下载网页的可能性。

在我们最初的研究结果中给出了这种计算的细节。重要的是，这些计算用到了先前讨论过的堵塞规律的结果，那个结果确定了下载时间的分布。在计算平均下载时间及其方差时，得出结果函数，纵轴是平均下载时间，横轴是方差，所得到的曲线上的每个点都对应一个不同的重启时间。这就是我们讲刷新时间的"投资组合"的意思。对于每个刷新时间值，我们都会获得一个平均值（或者下载时间的期望值）和一个方差。对应地，可能重启时间范围的整个曲线如图 7-2 所示。即便是粗略地看一眼，读者也能看出其中存在一个最优策略，即曲线相交的端点。

　　为什么说该点是最优点呢？因为对于那个特定的刷新时间，网页到达时间的方差和网页下载的平均时间值都达到最小。没有其他的刷新时间值能改进这个结果，它们对应的曲线上的其他部分都高于这个最优点。

　　然后，通过测量一些网页的下载时间，或信息包从一台计算机到另一台的时间的分布，这种投资组合方法可自动实现。从所得到的分布，我们就能构造出一个如同图 7-2 这样的投资组合曲线，通过它，我们能够很容易地确定最优刷新时间，然后将它编入浏览器程序或者网页"爬虫"程序。

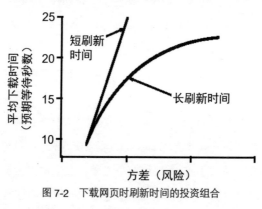

图 7-2　下载网页时刷新时间的投资组合

　　你可能很快会想到一个潜在的问题，如果每个人都有可能采用这种策略，那么所有的刷新诉求就会造成网络的堵塞，这

样它的好处可能实际上就会少于只有一个用户实施这种策略的情形。现在每个读了本书的读者都学会了这种策略，于是我们再次遇到了一个社会困境的案例。相比大家都采用这种策略从而产生一些额外的流量，并且可能导致堵塞现象而言，如果大家都避免使用这种策略，对每个人来说，所感受到的堵塞会不会反而变小呢？如果一个人不用这种策略，但其他人都用了，那么他感受到的堵塞就会比其他人严重吗？或者，一个人可以自己使用但希望其他人都不要采用这种策略，从而享受较快的下载速度待遇吗？

有两种方式可以回答这个问题，而且都涉及一定的折中问题。我们可以组织上千名用户进行实验，看他们是否会使用这种投资组合策略。但这种实验做起来很困难，并且也不容易测量结果，因为要确定这种策略所导致的堵塞现象，我们得将它从其他可能造成堵塞的来源中分离出来。或者，用一种比较简单且更加利索的做法，用计算机来模拟这种场景，根据模拟的结果来决定用这种方法是否值得使用。

但问题是，人们在面对这样的困境时有许多因素会影响可能做出的决定，但计算机模拟不可能将它们都考虑在内。

进行恰当的计算机模拟

尽管如此，在研究社会问题时，比如当我们试图确定个人行为的改变对群体动态可能产生的影响时，计算机模拟是非常有用的。而如果在一个实际的组织机构中进行研究，通过实验来验证假设，要想不造成一些破坏和产生意外的结果是很困难的。

科学家也可以用计算机模拟来测试假设，而不用担心未知结果可能会引发的代价。同样重要的是，如果用简单的智能代理恰当地进行计算机模拟，常常能很快得出某种假设是否会引发预期行为的认识。而且，还有一个更重要的因素是，通过模拟来展示社会动力学，比做任何社会学实验所用的时间都要短得多，这样就可以及时地测试复杂的场景。一次社会实验可能要用几星期或者几个月才能完成，它的分析可能相当麻烦，人们可能需要反复多做几次才能确定结果。

为了明确所有网络用户都采用投资组合方法时所带来的效果，帕洛阿尔托研究中心的莫勒用一组智能代理做了一系列计算机模拟，那些代理异步决定是否访问网络。代理做决定的基础是过去一段时间堵塞现象的统计结果。如同我在第 6 章中所表明的，在这样一种集体困境中存在一种优化的策略，基本上由一个门槛函数决定：如果问题的参数使一个临界函数超过某个值就采

取合作，否则就不合作。在互联网中，这就转变为：如果延迟时间少于某个值，就下载网页；如果超过一个特定的值就不下载。

这样，在模拟中每个代理都被限制在一种简单的二元决定上，系统的动态性通过那些具有非确定性性质的简单门槛模型来体现。基于这样的想法，我们对每个代理建模如下：一个代理检测当前的堵塞程度，它可以用任意"等待时间"或单位来表达。由于等待时间是关于用户数量的函数，而且这个数量随时间波动，因此代理可以根据过去某个时间窗口的负载情况来决定是否采用重启策略。这个负载用于计算采用不同的策略会发生的等待时间，也就是决定何时重新发送请求。然后，代理将一个门槛值与所观察到的等待时间进行比较：如果前者较大，它就决定限制自己对网络的使用来体现合作；如果等待时间足够短，它就决定使用网络来体现逃避的策略。代理们异步独立地做这些决定，意味着它们的行动不会同时发生，如果不这样做的话，在模拟中就可能会产生各种假象。

这些计算机模拟的结果揭示了一些很有意思的现象。当每个代理都用投资组合策略来应对互联网堵塞问题时，我们依然能为每个代理都找到一种投资组合，以至于所有代理得到的结果都比不用任何策略要好。即使所有代理都用前面讲到的最优刷新策略，与谁都不用刷新策略相比，结果也不差。

这就意味着，为了减少完成电子交易时间的可变性，以及提高电子交易的速度，用一种投资组合策略将会带来有益的结果，即使许多用户都采用这种策略。在现实中，不会有上百万名用户恰好同时使用这种策略，因此人们之间的相互影响事实上会减小。

最后，我讲一则逸事来说明这些思想在影响职业生涯方面的力量。当莫勒做这些实验时，他是物理学的博士研究生，其兴趣是研究互联网的动力学。当他毕业时，虽然完成的论文包含了上述结果，但他同时决定离开物理学和互联网行业，随他的投资组合而去，去一家投资公司做金融分析师。

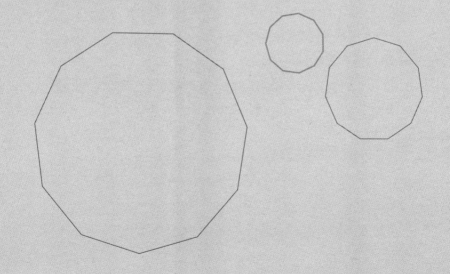

08

定律 8　从单一品牌到品牌经济

THE LAWS OF THE WEB

**透视
互联网**

1. 新技术有助于建立新关系，加强供应链进程，使其更加顺畅。也许预言家的确低估了互联网的力量，但最有可能的是我们正在见证一种现实，即我们甚至不知道应该用哪些指标来更好地理解电子商务的增长。

2. 从经济学的角度来看，电子商务的增长似乎预示着一个无阻尼市场时代的出现。所谓"无阻尼"，指的是这样的情形：市场中表现出很强的价格竞争特点，容易找到最好的价值，对生产者来说则具有较低的边际成本。

3. 网站的访问者本质上可归为两类。第一类，他们以前就知道这个网站，在同一天里可能会回访，但也不一定会回访，而回访的一部分人的数量也是天天变化的。因而，访问量的变化是满足可乘性的，即两天之间的变化量与前一天的访问量呈正比。有些访问者是第一次访问这个网站，或是在过了一段时间后重新发现了它，他们属于第二类访问者。

4. 许多因素都可能影响一个网站的增长速度，包括人们对其名称的认可、广告预算和策略、网站的实用价值和娱乐价值，以及让新用户发现它的难易程度等。

5. 一个品牌的价值很低也可能导致公司收入减少，以致最终破产。

电子商务的故事无处不在。早期关于信息时代的到来、信息服务公司的纷纷出现、带给寻找信息的人们极大方便的欣喜等，已被通过互联网在一分钟内交易千百万美元的传说取代，如亚马逊这样的网上商城、eBay 上家用旧货的交易等。不过，这些仅是冰山一角，B2B 电子商务正以一种惊人的速度增长。

令人始料不及的电商经济

虽然这些故事曾经听起来有点儿夸张，但却真实反映了一种正在快速崛起的现实，用一个词来描述这种涌现的数字经济，那就是"令人始料未及"，即便专家也总是会低估电子商务的潜力。美国商务部的一份报告揭示，1997 年的大多数预测都认为，到 2000 年，互联网上的零售额可达到 70 亿美元。但这个数字在 1998 年就被超过了 50%。1999 年，一些针对电子商务的研究发现，B2B 电子商务增长率比预期的高了 3 倍。通过一个迅速且方便的通信、信息交换和选择的渠道，B2B 交易也使各类公司都可以重新考虑哪些工作应该自己做，以及哪些最好由别人来做。例如，一家公司发现，某些生产加工任务可以外包给其他公司，因为那家公司生产同样的部件的速度要比自己更快，价格上也更便宜。

新技术有助于建立新关系，加强供应链进程，使其更加顺畅。也许预言家的确低估了互联网的力量，但最有可能的是我们正在见证一种现实，即我们甚至不知道应该用哪些指标来更好地理解电子商务的增长。

电子商务掀起了一场变革的浪潮，对其惊人的增长速度我们应该有一种清醒的认识。从经济学的角度来看，电子商务的增长似乎预示着一个无阻尼市场时代的出现。所谓“无阻尼”，指的是这样的情形：市场中表现出很强的价格竞争特点，容易找到最好的价值，对生产者来说则具有较低的边际成本。在电子商务的“王国”之中，我们离这种没有阻尼的市场还有多远，人们可以有不同意见，但大量迹象都在显示，电子商务正不断提高各种交易完成的效率。

关于电子商务本质的一些研究都是在讨论一种不断提高效率的数字经济。麻省理工学院斯隆商学院发表了关于这些研究的一个综述，集中在若干数字经济市场中的价格水平与它们的弹性、价格的可选择性和分散度上。若想研究网络上的价格水平，就要搞清楚在互联网上的价格是否低于传统销售场所中的价格。最初，相比于传统方式，书籍和唱片等物品在数字世界要比物理世界的价格更高，但一年后进行的研究则发现这种情形逆转了。

另一些研究人员考察了电子市场上需求的弹性，即与实体经济相比，消费者是否对小的价格变化更加敏感。对于常用物品，价格弹性是高效市场的一个重要特征。在这个领域，人们还没有取得共识，相关结果包括在线销售的价格敏感性要低于传统销售，以及通过网络提供更好的产品信息实际上弱化了价格竞争，增加了消费者和其需求之间的适应性。

另一个问题是，关于在数字经济市场中，电子商务零售商调整商品价格的幅度和频率是不是比购物商城中的零售商要更加精细与频繁？据两项研究表明，答案的确是肯定的——互联网上零售商对价格的调整力度可能只有传统的销售点的百分之一。

此外，价格分散度针对的问题是，相对于普通销售的情形，互联网的最高价格和最低价格之间是否有一个比较小的分布范围。尽管网络的特点可能使人们感觉分散度要比传统市场低，但相关的研究并不支持这种假想。人们找到了可以解释这种结果的若干原因，诸如零售商诉诸于市场划分策略，或者搞价格优惠歧视、按产品的购买量来决定价格等。

因此，可以比较肯定地说，数字经济似乎正显示出一种走向无阻尼市场的趋势，随着越来越多的供应商和消费者进入这个互联网媒介，它会变得越来越深刻，这个变化的前提是政府的条规要尽量少一些。

赢者通吃，网络交易的终极规律

我在《人人都该懂的互联网思维》这本书中试图表达的观点是，现在是时候研究电商交易中是否存在很强的规律了。这项研究的条件已经具备：大量的商业网站和消费者以及可访问的数据。随着所有这些电子商务的兴起和增长，人们会很自然地想看看成百上千万消费者在网上进行交易的模式。

一个新网站每天只能吸引少量的访问者

我与拉达·阿达米克合作，对网络上市场份额的问题进行了一次研究，希望搞清楚可以抓住网络用户注意力的网站的比例。我们通过考察网络服务提供商的用户模式来研究这个问题，涉及的网站多达十几万个。在这个意义下，用户就是经济活动的化身，网站将用户对它的访问看成其在经济上成功的标志。这并非没有道理，因为尽管用户可能什么也没有买，但网站还是可以通过广告和订阅来盈利，收入则取决于用户每天对该网站的访问量。

通过分析美国在线公司（AOL）一天的部分用户日志，我们首先得到用户在网站之间的分布。数据涉及 6 万个用户访问的 12 万个网站。对一个网页的请求可以看作对网站的请求。选择这种关于网站的定义方式，是因为我们缺乏具体网站内容的信息。进一步地，对同一个用户而言，在一个网站内访问多个文档，或者在多个网站里访问同一个文档只被计算一次。这样，我们就将一个网站的知名度和一天内访问它的独立的用户数关联起来。表 8-1 展示的是位于排行榜靠前位置的网站的访问人数的比例。

表 8-1　网站访问人数的百分比

排名顺序靠前的占比（%）	普通网站	教育类网站
0.1	32.36	2.81
1	55.63	23.76
5	74.81	59.50
10	82.26	74.48
50	94.92	96.88

注：数据来自 1997 年 12 月 1 日对美国在线公司网站访问人数的统计。

　　我们看到，位列前 0.1% 的网站，不包括美国在线公司自己，获得了 32.36% 的用户量；位列前 1% 的网站则获得了超过一半的用户量，其中门户网站的用户量占大多数。

　　考虑到网站在类型和功能方面的差异，我们也研究了用户数在有相似内容的网站的分布情况。我们选了教育类网站。假设教育类网站包含学术和研究方面的信息，以及学生、职员和教授的个人主页，内容可能很宽泛。同样，这类网站的访问分布也是不均衡的。教育网站的第一名达到了 2.81%，位列前 5% 则得到了几乎 60% 的访问量。

　　当分析这些数据的时候，我们发现不管是全部网站，

还是像旅游或者教育那样的分类网站，访问者的分布都遵循一种相同的规律，即网站中的网页数或网页中的链接数的分布与先前发现的相似。这个结果意味着，一个新建立的网站极有可能每天只会吸引少量访问者，抓住大量用户的概率是很低的。对于那些梦想通过建立一个新网站而一夜间发财的人来说，这不是一个很乐观的消息。

这个发现意味着少数网站获得了来自网民的大部分访问流量，这就是赢者通吃市场的一个特征。对于这个特点，经济学家罗伯特·弗兰克（Robert Frank）[①] 曾有过这样生动的描述：经济回报不是与一家企业的绝对业绩成正比的，而是和它与其他企业的相对位次相关的。这是一种人们非常熟悉的现象，体育运动、娱乐业，以及企业管理领域都是这样的，其中最有名的运动员、演员或 CEO 得到的薪水与排名顺序次于他们的人要明显高很多。尽管在大多数情况下，排名第一位与第二位或第三位的实际水平差别非常小，甚至小到大多数人都看不出来，但这种收入上的明

---

① 罗伯特·弗兰克是世界知名的经济学家，现任康奈尔大学，约翰逊管理学院经济学和管理学教授。他善于用经济学的原理和方法来解释我们司空见惯的而又未注意到的现象，并著有《牛奶可乐经济学》系列图书。该书系已由湛庐文化策划推出。——编者注

显差别却的确存在。

这里有两个虽然简单但却很能说明问题的例子。少数歌唱家统治着歌剧世界，大部分钱都被他们赚了，而那些嗓音或者个人魅力略微不那么完美的歌唱家则不得不依靠做家教或者在小型音乐会上表演来获取收入，当然也可能会挣很多钱。同样的情况也适用于有名的影星，他们与其他演员一起参演电影，那些演员的表演能力尽管与影星不相上下，但得到的演出费却比有名的影星少很多。

从标准的经济学理论的角度来看，这种发现有些出人意料。按照标准的经济学理论，我们会期望，在能力方面只有稍许差别的演员或歌唱家所得的收入差别不应很大，这是由于人们会倾向于按照反映他们真实或者说绝对水平的表现支付金钱，而不是按照他们与别人比较的相对位置支付金钱。

为了解释这种市场规律，我们需要一种关于网站知名度动态性的理论。该理论用几个事实（或者称假设），包括用户对网站的访问是随机的，新网站在不断出现并且其数目增加得很快作为基本出发点。结合所观察到的幂律行为，我们建立的这个模型为顶级演员提供了一个放大因子，提高了他们的曝光度。

下面是该理论的一个简略描述，读者也许能从中回想起我在

定律8 从单一品牌到品牌经济

第3章解释网页数量在网站之间分布的方法。

　　首先，我们将访问一个网站的用户数看作一个时间的函数。在一天时间里，通常拥有几千个用户的大网站的访问人数在几百人的范围内波动，而一个只有几十个用户的网站可能经历的波动范围是几个人。这意味着，在两个相继的时间段里访问量的差别与总数成正比。换句话说，一个网站每天的访问人数的波动量正比于该网站的平均访问量。进而，网站的访问者本质上可归为两类。第一类，他们以前就知道这个网站，在同一天里可能会回访，但也不一定会回访，而回访的一部分人的数量也是天天变化的。因而，访问量的变化是满足可乘性的，即两天之间的变化量与前一天的访问量成正比。

　　有些访问者是第一次访问这个网站，或是在过了一段时间后重新发现了它，他们属于第二类访问者。对于第一类访问者，他们熟悉这个网站，会影响新增访问人数。这种影响可能是直接的，例如口头或者通过电子邮件告诉其他人，这是个很酷或者是他经常光顾的网站。这种影响也可能是间接的，可能在自己的主页中设立一个链接，以将用户引领到他认为有意思的网站。用户量大的网站可能得到媒体的关注和宣传，于是带来更多的流量，相应地，就会有更多来自其他网站的链接指向它。此外，一个网站可能为自己做些广告来吸引更多的用户，它能够付出的广告费取决于网站产生的收入，这个收入反过来又取决于访问人数。因而，一个网站的新增访问人数也与前一天的访问人数成正比。

为理解网站访问的动力学原理，我们需要再次考虑这个事实，即网站是产生于不同时间的，而且增长率不同。有些网站访问量大，因为它们包含许多人们感兴趣的内容；另一些增长得快，则可能因为它们提供了较高的服务质量；还有一些则是因为一些有影响力的网站指向它们。有些网站增长得很快，是因为它们从物理世界带来了客户[1]；另一些虽然是从互联网开始的，但通过在线和离线渠道大打广告引来了一些访问者。还有一些聚集它们的整个用户群完全靠用户的忠诚度和口碑。当我们将所有这些放到一起，就获得了每个网站访问人数的分布情况。如我们所看到的，幂律再次表现出来。换句话说，网站有 n 个访问者的概率与 $1/n^\beta$ 成正比，其中指数 β 是一个接近 2 的数。

这个理论的一个可能后果是，那些旧的网站可能在访问人数上具有支配地位，吸引了大多数人。但有意思的是，测量结果显示，网站的流行度和它们的年龄几乎没什么关系。显然，假设所

---

[1] 我们可以想象那些著名的传统型公司，它们创立网站后，访问者很多是以前就知道它们的客户，因此说那些客户是被从物理世界带来的。——译者注

有网站都有相同的增长速度是这种理论不够充分的一个因素。到目前为止，分布只对单一增长速度有效。因此，我们需要考虑不同的网站有不同的知名度增长的均值和方差。

许多因素都可能影响一个网站的增长速度，包括人们对其名称的认可、广告预算和策略、网站的实用价值和娱乐价值，以及让新用户发现它的难易程度等。

这个结果的影响对研究电子商务市场效率的经济学家，以及对考虑企业所能吸引用户人数的信息提供者来说，都是很有趣的。我们记得，如果网站的访问者分布遵循一个统一的幂律，就意味着少数网站支配着大部分网民的信息流量。一个新建立的网站将很可能加入每天只吸引少量访问者的网站的行列，它获得很多用户的概率会非常低。

这些结果导致一些人对网络的本质感到失望，好像它与其"民主的"特性相矛盾。但这种赢者通吃的市场特性不一定意味着商业公平性的缺乏。人们在这方面已经有了一些认识。

第一，与网络的民主特性有关。无须很多投资，也无须专门建设一个大型基础设施，任何人都可以开办一个新的商业网站，但机遇的平等不意味着结果的平等。正如我们在幂律分布的讨论中所看到的，有一些因素使网站的内容相似就期望能得到相当的市场份额显得没有道理。网络的巨大规模使个人找到最好的网站很难，而且他们会依赖于一种社会搜索机制来优化他们的发现，不至于花太多的时间来寻找最好的信息提供者。

第二，由于许多信息提供者缺乏声誉但却能提供类似的服务，所以人们难以做出关于使用哪些网站、避免使用哪些网站的最优决定。如果用户从来没听说一个服务提供商，那么他如何能肯定所购买的服务会达到自己期望的质量呢？

坚持品牌的核心价值

现实社会中也存在类似的问题，人们早已找到了解决方法。类似的方法现在也开始被应用在网络空间中。当被提供类似商品的商家的众多信息所困惑时，顾客依赖品牌的价值进行选取。品牌本质上是若干属性的一个简短编码，这些属性属于一家企业或者一系列产品，诸如它们的质量、价格，以及该企业的历史和声誉。一个品牌的价值可能高于企业拥有的其他有形资产。一些德国汽车厂商愿意花一大笔钱来购买英国的劳斯莱斯汽车公司就是这种情况的一个例子。最关键的不是劳斯莱斯汽车公司高效的生产技术，也不是其强大的销售网络，而是当大多数人想到劳斯莱

斯的时候所产生的与其质量和声望的关联。

一个品牌的价值很低也可能导致公司收入减少，以致最终破产。在 1996 年维鲁航空公司（Valujet Airline）592 号航班灾难性的事故发生后，我们见证了其公众形象地位的迅速下降。它最终与美国穿越航空公司（AirTran Airways）合并，目的就是吸引还不知道已经更名的客户。这两个极端的案例是品牌可能带给一个企业什么样价值的例子，实际上可以量化到具体数额的金钱，甚至超越一家企业的有形资产价值。当一个人愿意支付超出有形资产的价格购买一家公司时，我们称这种行为是商誉会计（goodwill accounting），它基本上反映了这家企业的品牌价值。

在互联网世界中，品牌可以解决遍及网络信息空间的海量匿名问题。在网络中，任何商品或者信息提供商看起来不过都是吸引人的网页，它们展示产品及其价格的清单，人们难以从那些描述中判断所提供的商品的质量。于是，消费者就会面临这样一个问题：**在没有对这个商家有任何体验的情况下，如何相信它的网站所提供的商品？如何判断它的服务质量呢？**

品牌在此起着重要作用，如果是知名品牌，人们就会对将得到的服务有所预期，因为前面已经有人在不同的场合中体验过了。麦当劳和可口可乐风靡的原因就是如此，它们从根本上就是一种保证，告诉人们无论是在美国还是在世界上的任何地方，无论是在城市还是乡村，只要提供的是这种产品，饥饿和口渴的人都能得到水平一致的服务。

在网络信息空间中，最关键的问题不是要保证地理分布上的一致性，而是如何解决电子商务网站参差不齐的质量和不可靠的服务的问题。这就是为什么亚马逊在一段时间后终于成为一种质量和服务都可靠的代名词。不过，网上其他大量的电子商务企业都没有获得对其品牌的认可，它们如何能在互联网上从事能产生利润的商业活动呢？

这个问题的一个解决方法取决于第三者——认证中心，它为不为客户所知的网站提供认证服务。这些电子中介机构既可以是商务网站的认证者，也可以是当顾客查询某商品时的推荐者。在多数情况下，某种实业也可以在网络信息空间建立品牌。例如，亚马逊持有某家制药公司的股份，那么在亚马逊的网站上就可能出现指向这家制药公司网站的链接。亚马逊作为一家电商公司与制药没什么关系，但它在线售书的声誉能够带来足够的影响力，使寻找药品的顾客产生信任感。我们可以想到许多其他的服务，比如会计以及收费服务等，被一些知名公司或中介机构认证后，就可以开展可靠的商务活动了。

品牌的另一种微妙的形式体现在从一个网站到另一个网站的链接上。这样的链接作为一种隐含的推荐，让用户去访问另一个网站。这可能是付费广告的结果，或者是服务供应商之间的某种其他安排。在这两种情形下，一个链接出现在一个被人们信任的网站上，就足以让人增加对新网站的信任，与那些完全随机出现的网站相比，人们会觉得后者比较可靠。这些链接是品牌整合的一种形式，它们意味着品牌较好的公司对一个网站或产品的认可和支持。

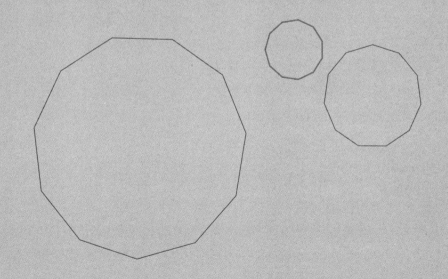

09

定律 9 注意力是
最稀缺的资源

THE LAWS OF THE WEB

透视互联网

THE LAWS OF THE WEB

1. 在一次上网过程中，用户访问一定数量网页的概率随着网页数量的增加而显著减小，因而在一次上网过程中得到关注的信息量是有限的。鉴于此，典型的用户很少访问搜索引擎列出的第一页之外的网页，从而一个排在后面网页上的链接不可能被很多人看到。

2. 任何基础设施，只要能在成员之间提供交流机会，最终就会将具有相似目标的人们联系到一起，以让他们分享自己的信息与观念。

3. 注意力也会影响社会网络中的信息传播方式，从而决定广告和市场推广的有效性。

4. 在考虑集体注意力的动力学时存在两个竞争的因素：其一，注意到该故事的人数的增加；其二，随着时间的推移，同一个故事会变得不再那么具有吸引力。

5. 互联网时代的社会注意力，通过大规模社会网络的迅速分配，在传播与证实思想观念和研究结果方面起着核心作用，在任何行业中都是如此。

定律 9 注意力是最稀缺的资源

几个世纪以来，人们一直将图书馆看成唯一的知识库，但数字化内容正在逐步且不可逆转地改变着这一观念。最初用来在专业人士之间传送数据和计算机程序的数字媒介很快就变成了全民共享的互联网，经过大约 10 年时间，就永远地改变了人们看待信息及访问它们的方式。我们不再需要亲自到图书馆才能阅读到学术期刊，或获得关于远方的最新新闻。我们用一个带有浏览器和键盘的计算机或者移动设备，只需进行一次简单的搜索就足以将需要的东西找到，而且这种搜索过程还会带来大量的相关信息，足以引起我们的好奇心，拓展我们的视野。得益于电子邮件和即时信息的普遍使用，我们得到了一个即时连通的世界——这个世界具备了通过全球尺度的巨型社会网络建立生产性联系的可能性。

注意力的社会性

这种数字化革命也产生了一些令人困惑的情况，比如虽然信息资源正不断增加，但这些信息却并不总是那么可靠与令人信服；图书馆受到了威胁，但学生作弊却难以被容易地查出来；等等。不过，这些不是我讨论的重点，我想在这里强调几个趋势，它们已然改变了人们工作与获得回报的方式。

跨越地理区域和机构的边界，即时且免费地访问信息，这些现象已经在经济学意义上迅速地改变了信息的价值。物以稀为贵，但多了就不值钱了，我们现在看重的是"注意力"，但它是有限的，而且在同一时刻还会被多种因素所影响。随着互联网的出现，注意力的重点已经变成我们创造的内容会被更多人看到。这样，关于注意力的竞争就通过各种可能的形式反映出来，包括电子邮件、博客，以及那些出现在各种网站的预印本，各种关于研究论文和结论的通知不期而至地"来到"我们的电子邮箱中。

我认为，这种注意力从本质上来讲是社会性的。虽然我们认识到个人关注的感知成分是整个过程的中心，但在这里我将主要讨论信号集中在某个想法、结果、论文或网站上的强度（访问次数、链接数和引用次数）。这反过来使我们可以讨论社会网络在注意力的分配方面所起到的作用。话题往往是群体的兴趣，不同的话题往往对应着一个愿意讨论它的人群，这就是吸引了这个人群的注意力。

定律 9 注意力是最稀缺的资源

注意力在学术界极其重要，为了得到更多人的关注，人们甚至愿意放弃一些经济上的利益。我可以大胆地讲，它常常是学术界主要的价值流通手段，我们发表论文希望被他人关注，论文中引用的参考文献会促使他人的工作受到关注，我们珍视重要工作的显示度，就是因为它所获得的关注。这其实不是一种新的现象，自从人类社会有了系统的学科之后，这种现象就发生了，但令人感到奇怪的是，直到此时它才开始被系统地分析。有几项研究已经在这种新的数字媒体的场合中明确提出，要搞清楚注意力在互联网和电子出版方面所起的作用。另外，通过在修辞和视觉艺术方面形成的一些注意力结构，理查德·拉纳姆（Richard Lanham）出色地描述了艺术和文字在注意力经济中所起重要作用。

我们将讨论的相关问题是注意力的分配，以及这种分配对研究和创新的影响。数字媒体的出现带来了冲击我们感知的信息洪流，维基百科和基于互联网的社会网络带来了新的信息交流模式，它们正在改变人们注意力的分配方式。

对多数人来说，即使最好的网站也经常提供不了所需的信息，也不可能过滤掉那些不需要的东西。网站通常基于某些客观的标准（文章或图片的新颖性、搜索中的网页评分值、某一话题的流行度、新闻的突显性）来决定展示给用户的内容，但它们并不一定会使用户的价值最大化。例如，谷歌的网页排名算法将拥有最多链接的网页放到查询结果的首页[①]，但其他那些返回网页中的链接常常包含已经有价值的信息，只是由于埋藏在列表的后面，不为用户所见罢了。

关于注意力的另一个问题，是一个人在一个时间段内所能关注的事情是有限的。在第 5 章我们讨论过，通过观察人们浏览互联网的行为，我们得到了一种很强的实验性规律，被称为"上网定律"，它和这种心理学的局限可以产生一种复合的作用。上网定律是指，在一次上网过程中，用户访问一定数量网页的概率随着网页数量的增加而显著减小，因而在一次上网过程中得到关注的信息量是有限的。

鉴于此，典型的用户很少访问搜索引擎列出的第一页之外的网页，从而一个排在后面网页上的链接不可能被很多人看到。这种行为倾向于强化前面那些条目的地位，进一步提高它们的流行度，这种行为反过来抑制了新的内容，因为它们还未被人们所知。这样，就容易使得一个条目被锁定在前面，而其他的则不容易冒到前面来，尽管后面的内容可能更加有价值。

---

① 这只是一种近似的说法，更加准确的说法见有关 PageRank 的论文。——译
者注

定律 9 注意力是最稀缺的资源

不断扩大的社交网络

尽管存在这些问题，我们在工作中还是有办法可以保持知识和信息的更新，甚至还会不时地发现与我们的活动相关的有意思的新事实和想法。这常常是通过一种有相似思想的人、同事和朋友的社交网络做到的，新想法和新观点在他们之间会迅速传播。这样的社交网络有时被称为"非正式学院"或"传统社区"，人们很久前就认识到这是一种传播和验证在某个领域中的新结果的重要渠道。随着互联网的出现，这些网络涵盖的范围和信息传播的速度提高了若干个数量级。

社交网络不局限于某些特别的人群。任何基础设施，只要能在成员之间提供交流机会，最终就会将具有相似目标的人们联系到一起，以让他们分享自己的信息与观念。这些非正式的网络与正式的组织机构共存，可以有多种功能，比如决定一项研究成果的相对价值（有时还有证实那些结果的作者的声誉）、更高效地解决问题、提高群体兴趣等。尽管缺乏官方的认可，非正式网络通过提供有效的学习方式，实际上相应提高了正式组织机构的生产力。

在数字化领域，社交网络现在有一种不断增加的趋势，如Facebook、Myspace、领英和HNet等。它们将在地理上广为分

131

布的大型社会群体的成员联系起来，通过各种媒介为他们提供一
种即时的信息交流方式。

所有这些都增加了人们对识别在线社区的兴趣。有些研究发
现，在线关系的确是现实关系的反映，这样就有效地增加了那些
社区的社会资本。电子邮件列表和个人网页也是社会关系的中介，
这些网络上的中介识别出来的社区类似于其所代表的现实社区。

人人都该懂的互联网思维 ○

如何理解社交网络

关于社交网络在传播思想、商品信息和声誉方面所起
作用的研究也在不断涌现。其原因在于数据比较容易搜集
和分析，所达到的规模是传统方法不可能想象的。举个例
子，通过图 9-1，我来介绍一个书籍推荐网络的分析结果。
这项研究利用亚马逊上的一批数据，涉及给 500 万人的
1 500 万次推荐，并且这些人买了其中的一些书。这些推
荐围绕每本书形成了一个网络，表明谁买了它并进行了推
荐，以及谁响应了这个推荐。通过研究这样的网络，我们
注意到，根据所推荐书籍的类型，那些社交网络会呈现不

同的特性。围绕一本医学书的网络（图 9-1 左上角的小图）
显示出一种稀疏的特征，表示推荐不是很强烈。围绕一本
日本图解小说的网络，即图的中间部分，显示在密集相连
的人群中有一条粗粗的信息流，意味着这本书有一种很强
的推荐行为。

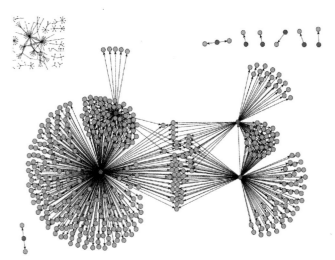

图 9-1　由书籍推荐关系构成的社交网络

用于发现这种传播推荐信息的社会网络的方法也可以
用于发现任何由信息相连的人群。比如，几年前我们开发
了一种自动的方法，它通过研究其成员电子邮件交换的模

式，可以识别在一个机构中自发形成的群体。该方法用电子邮件数据构造通信网络，通过用一种特别的方式划分网络来发现群体，这是我下面要讲的内容。我们的方法只需要用到电子邮件中的接收者和发送者的姓名信息（分别出现在"to"和"from"域中的内容），这样，我们可以处理大量电子邮件，同时也将所涉及个人隐私问题减到最少。

我们在我工作的地方——惠普实验室测试了这个方法，用到了在两个月里收集的大约 100 万封电子邮件。该方法能够在大型机构中识别各种小群体，在标准计算机上运行几小时就够了。此外，我们还用这个通信联系网络来识别那些群体中处于领导地位的人。在实验之后，我们进行了现场定性评估。对惠普实验室的 16 个人进行面对面的访谈，验证了我们的自动过程产生的结果，也给出了关于识别出来的那些群体的有趣认识。其他一些做法，包括通过分析论文的共同作者来识别社会网络，对跟踪在一个领域中合作关系的演化也很有用。由于社会结构影响信息流，当我们要搜索个人信息和资源时，关于网络中社区的认识也能用来指导对网络的遍历。

如何引导并增强注意力

研究社交网络的一个重要方面是，它们如何将注意力引导到既定话题或结果而忽略其他无关的东西。我们知道，集体的注意力在传播思想和人们（包括学术人员）声誉时具有核心地位。一些心理学家、经济学家和广告市场宣传领域的研究人员在个人和小群体的层面上进行了研究。注意力也会影响社交网络中的信息传播方式，从而决定广告和市场推广的有效性。在与注意力经济相关的理论文献中，这个问题的研究在小规模实验室以前有过一些进展，但只是到最近我们才在自然的、非实验室环境中得到了大规模人群的实验结果。

为了理解社交网络在注意力分配上的作用，我们举一个"新闻如何在人群中传播"的例子。当事件刚发生时，只是引起了少数人的注意，如果他们发现这则故事很有趣，就可能会传播给自己社交网络中的其他人。如果有许多人开始关注这个故事，那么它在媒体中的显示度就会不断增加。换句话说，就是出现了正面强化效应——**知道这个故事的人越多，它就传播得越快。**

这种增长也会遇到一种相反的力量。随着时间的流逝，故事的新颖性趋于淡化，因此人们的注意力会逐步减弱。这样，**在考虑集体注意力的动力学时存在两个竞争的因素：其一，注意到该**

故事的人数的增加；其二，随着时间的推移，同一个故事会变得不再那么具有吸引力。在实际情况中，多个故事或情况会同时出现，这使整个过程变得更加复杂，因为人们会选择将有限的注意力集中在自己愿意关注的故事上。无论这个描述如何简单，它都促使我们去建立数学模型，希望能通过它预测注意力是如何在多个内容、多个链接等方面进行分配，以及那些内容如何会随着时间变得不再吸引人。该模型的预测指出：

● 第一，注意力在不同内容上呈对数正态分布，即高度倾斜，多数故事只获得很少的注意力，而少数故事则获得大量关注（赢者通吃现象）。

● 第二，注意力会随时间增加而缓慢减弱，具体来说，其减弱的速度曲线符合一种延展的指数函数。

我们通过知名新闻网站 digg.com 上的百万用户的数据对上述结果进行了检验，结果见图 9-2。

为了形象地说明问题，我在图中给出了注意力在 digg.com 中所有故事上的分布情况，它清晰地表明了上述不平衡的形态。这个带着一条长尾的分布，也为另一个问题提供了可能的解释，即为什么科学研究产生的大量文章只会得到极少的关注，而少数文章却得到了大量的引用。

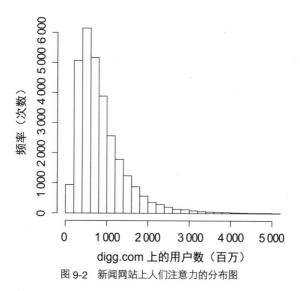

图 9-2　新闻网站上人们注意力的分布图

注：原始数据来自 digg.com。

　　这还不是"新奇"故事的全部，因为还有其他驱动社会注意力的因素，其与"新奇"一样引人注目。我想到的是流行度（或知名度），它常常引导我们去阅读和思考一些想法，即使只是因为别人这么做了。还有就是"风格"，一些视觉元素，因为其优雅或者具有某些美学价值，会使一个想法或表达方式产生吸引人的第一印象。我们需要做许多研究才能将所有这些方面弄清楚。我们也在研究另一些问题，比如注意力在互联网上的观点形成过程中的作用，以及它对于个人生产力方面的影响。

在本章结束之际，我希望我已经说明，互联网时代的社会注
意力，通过大规模社交网络的迅速分配，在传播与证实思想观念
和研究结果方面起着核心作用，在任何行业中都是如此。有两个
非常成功的例子支持了我的说法。一个是维基百科，它展示了一
种交互媒介的力量，创造了一个巨大的知识疆域，尽管为之做贡
献的门槛低得可以忽略不计，以及作者可以保持匿名性。另一个
极端的例子来自硬科学中高度技术性的一个分支，即粒子物理学
中的超弦理论。在这个圈子中，人们已经放弃了发表论文的传统
方式，而是通过电子预印本数据库（arxiv.org）来私下交换他们
的研究成果，不用经过标准的评审过程。在这两种情况下，这些
世界范围内社区的激烈讨论不仅引起了对相关结果的关注，而且
起到了良好的过滤作用。

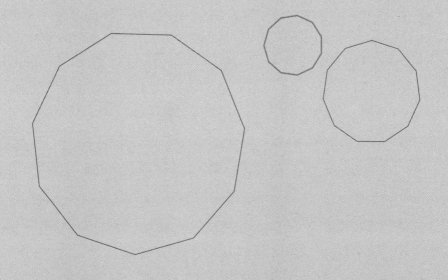

10

定律 10　物联网时代，
将实现真正的万物互联

THE LAWS OF THE WEB

THE LAWS OF THE WEB

1. 我们被各种交互的传感器和智能产品所包围，它们的处理能力比我们办公桌上的许多计算机都要强。

2. 从机械制造业到石油化工业，再到交通运输业，无数智能传感器正不断涌现出来，并通过共享的接口互联。这种新型网络互联的计算力量，就是所谓的工业物联网，它极有可能让当前的互联网相形见"小"。

3. 工业物联网的分布式特点让它不得不面对大量安全威胁，分布式系统中一个部件的毁坏就可能破坏整个系统，这也是最重要的一点。

过去几年来，因为互联网的存在基础，人们惊奇地见证了另一个事物的爆炸性增长。互联网作为一个介质，一直以来支持的是"人"的交往，而现在则在助力"物"的互动，且这些"物"的数量已经超过了全球人口数量的总和。结果是，我们被各种交互的传感器和智能产品所包围，它们的处理能力比我们办公桌上的许多计算机都要强。智能手机、微型计算机、环境灯控系统、高精度恒温器以及无处不在的智能健身工具等，构成了一套完整的技术新物种，通过我们使用的通信设备，这些新物种正开始与我们在同一个互联网环境中共存。

工业物联网的 3 大特性

以上只是物联网的简单一面。而另一场革命正在一个不同的背景下发生，即产业背景，其中的每一个产业，从机械制造业到石油化工业，再到交通运输业，无数个智能传感器正不断涌现出来，并通过共享的接口互联。这种新型网络互联的计算力量，就是所谓的工业物联网，它极有可能让当前的互联网相形见"小"。

工业物联网有许多特点，而这些特点不同于我们已经熟悉的家用智能电器的特点。

第一，智能传感器应用的广泛性和连通性，加上它们输入的不可预测性，使它们的响应时间脱离于人类的干预。虽然当体能追踪器没电时并不需要它立刻提醒我们，但如果当一家炼油厂控制若干阀门的智能传感器失效或没有及时给出紧急信号时，则可能会触发一个意想不到的反应链，造成其他传感器和制动器的错误操作，导致整个系统出现故障。

第二，工业物联网具有开放分布式系统的所有特点，除了要处理大量的、多样化的信息之外，其本身也会表现出大规模的并发特点。同时，它也是异步的，由于系统自己不可能预测环境的行为，导致需要它进行自主的响应。这就意味着它必然是一个非中心化的系统，因为很难用一个中央单位来掌控整个系统状态的最新信息。

第三，工业物联网的分布式特点让它不得不面对大量安全威胁，分布式系统中某个部件的毁坏就可能破坏整个系统，这也是最重要的一点。

虽然互联网不仅让设备之间的通信变得十分容易, 也保证了数据交换的可靠性, 但在工业物联网应用中, 这却引发了一些有趣的问题。其中, 既包括数据交换的安全性, 也包括在整个产业的物联网环境中如何保证数据的私密性。特别是, 我们知道将一个智能传感器嵌入工业物联网环境中是很容易的, 这就会带来认证问题, 以及在不透露数据内容或功能的情况下它是否能够以可信的方式与网络中的其他传感器互动等问题。若想解决这些问题, 标准的答案是, 找一家可信的第三方来实施, 但如果第三方被破坏了怎么办呢?

如何保证物联网的私密性

我将介绍我们发明的一种机制, 它所针对的问题在智能传感器网络领域有普遍的意义。这种机制是, 我们要想办法发现新加入的设备是否具有和其他传感器相匹配的能力与兼容性, 同时保持它们数据的私密性。虽然也有一些其他的针对物联网安全问题的方案, 但它们大都不提供机制来保证设备功能和它们特性参数的私密性。区块链是一个例外, 如果物联网世界的所有设备都应用了区块链, 从原则上来讲, 就是对这个安全问题的一个鲁棒性的解决方案。不过这种操作并不现实, 因为该问题还会随着网络规模的增长而扩大。

我要介绍的解决物联网中这种安全性和可信性问题的机制，涉及零知识加密技术。为此，下面先对密码技术做一个非常简要的介绍，然后再说明解决这些问题的机制。

该机制的算法要用到密码学两个基本的密码体制（cryptographic primitives）：哈希函数（hash function）和公钥系统（public key systems）。下面描述的是它们的一般性质。

一般而言，加密函数操作诸如在称为"消息"和"密钥"的输入数据上，然后产生"密码文本"和"签名"这两个输出数据。通常，人们将所有输入和输出都看成按照某种标准编码方式产生的大整数。在下面的讨论中，我也会做这种假设，即加密函数涉及的任何数据都是大整数，无论它被称为什么。

加密哈希函数 H 是一种数学变换。它取任何长度的消息 m 为输入，得到一个固定长度的较短信息 $H(m)$。这个定长输出有一个重要的特性，即除了通过反复试验来尝试所有可能的消息外，无法找到是哪个信息生成的它。同样重要的是，尽管可能有多个不同的输入信息散列到一个相同的结果上，但要找到两个"冲突的"输入在计算上也是不可行的。这在实践上就保证了一个哈希信息的散列值能够"代表"该信息，作假是非常困难的。我们要求的一个更强的性质是，加密哈希函数的输出不能被提前

144

影响或预测。这样，谁想要根据某种特别的模式（如某种特别的前缀）来发现哈希函数，除了试错，别无他法。在实践中，像 *MD-5* 和 *SHA* 这样的哈希函数被假定具有这些性质。

公钥加密依赖于一对相关的密钥，一个密钥，一个公钥，它们与每个参与通信的人都有关系。解密（或签名）需要用密钥，而加密消息（或验证签名）则只需要公钥。公钥由希望接收加密信息的一方生成并广播，从而信息发送方可以用它来编码（加密）。然后，信息的接收方结合他自己的私钥和公钥，对消息进行解密。虽然这个过程比用密钥加密慢一些，但在需要经常重构的设备网络场合中时，公钥系统是更好的选择。常用的公钥系统的基础是模运算的性质。

我介绍的这种机制，每当一个新的传感器加入工业物联网时，它不需要把自己的私有数据和基本能力的内容告知网络中的其他设备。同样的，我们也不想让这个传感器得知企业已安装传感器的数据和基本能力。但我们要让它能够和那些设备互动，分享一些相似的能力参数及签名，从而可以认证它是否属于这个网络。

为了清晰起见，我用图 10-1 来描述所需的步骤。这里需要用到两个设备：设备 1 和设备 2，它们各有一个属性列表。我们希望知道这两个列表中的属性（包括识别号、额定参数、内存等）是不是有相同的。下面我假设每个列表只包含两项内容，设备 1 有 *a* 和 *b*，设备 2 有 *a* 和 *d*。

发现两个列表中是否有共同元素，但不揭示元素内容的过程如下文中列表匹配的协议所示：

列表匹配的协议

设备 1 有：*a*、*b*　　　　　设备 2 有：*a*、*d*

设备 1 生成私钥 *x*　　　　设备 2 生成私钥 *y*

• *a*、*b*、*c*、*d*、*x*、*y* 都是整数。

• 设备 1 和设备 2 同意采用同一个素数 *p*。

• 所有计算都是模块 *p*。

具体而言有 4 步，如图 10-1 所示。

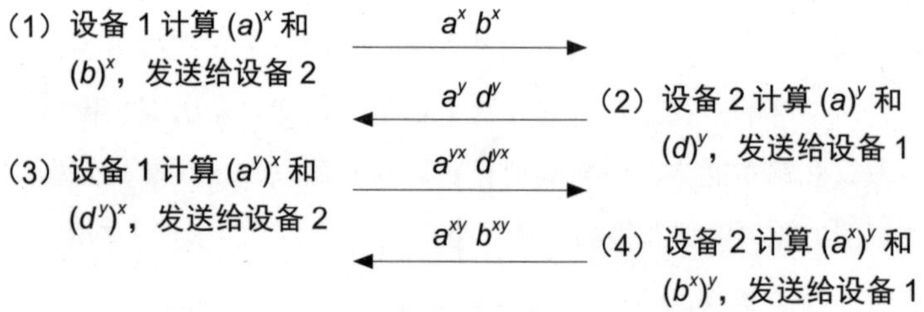

（1）设备 1 计算 $(a)^x$ 和 $(b)^x$，发送给设备 2　　$a^x\ b^x$ →

← $a^y\ d^y$　　（2）设备 2 计算 $(a)^y$ 和 $(d)^y$，发送给设备 1

（3）设备 1 计算 $(a^y)^x$ 和 $(d^y)^x$，发送给设备 2　　$a^{yx}\ d^{yx}$ →

← $a^{xy}\ b^{xy}$　　（4）设备 2 计算 $(a^x)^y$ 和 $(b^x)^y$，发送给设备 1

图 10-1　4 个步骤揭示两个设备是否会具有共同元素

注：由于 $a^{xy}=a^{yx}$，两个设备知道了它们都有 *a*，但无法知道对方的其他元素。

注意, 如果设备 1 或设备 2 能够从最初相互发送的数据中算出 x 或者 y, 则这个操作的安全性将被破坏。但这几乎是不可能的, 因为离散对数问题具有难解性: 给定整数 a、b 和一个素数 p, 难以算得 n, 满足以下函数:

$$b^n = a \ (mod \ p)$$

上面我描述的方法只用了两个输入数据, 显然可以推广到任意数据集合中, 从而让两个互动的设备发现它们的数据列表中是否有相同的部分, 而不需要揭示数据的具体内容。

这就表明, 我们有可能用零知识技术来解决这个问题——即使不需要求助于可信的第三方, 也能保证数据的私有性。进而, 这种机制能够实现和部署在大多数智能传感器上。

这些技术将加速智能传感器和机器网络在企业服务中的采用, 这就对工业物联网提出了诉求, 它将在互联互通的全球经济基础设施中持续不断地提供稳定的信息流。

互联网的真正秩序

正如我在《人人都该懂的互联网思维》这本书中希望表达的，巨大的互联网虽然看起来是随机、天然地发展的，但实际上其依然存在着秩序。对这种秩序的解释可以通过对人类在互联网上的行为做一些合理而简单的假设来进行。用于发现这些规律的数学方法可能是技术性的，但其思想贯穿于许多方面，从对个体行为的认知到个体之间各种各样相互作用的结果。从起源于瑞士的互联网的演化到由这种新媒介引发的市场的性质，我说明了一些很有代表性且有时也很美妙的模式的显现，这些模式转而揭示了许多关于社会动力学、个体偏好，以及看起来完全无序的世界的运行规律。

互联网是本书的主题，文中关于它的解释，以及提出的定律也对其他信息结构适用，比如从书店到传统市场。但我这里想强调的是，互联网的存在催生了性质不同的现象，而现象可被研究的规模在其中起了决定性作用。这些定律及其解释，不是观察一小群人在网上购物或者相互通信的情形得出的结论。相反，我一直在观察和解释巨大且多样化人群的行为，他们散布在世界各地，以上网及建设网站的形式留下踪迹，并提供了有助于理解人类行为的线索。

在这个意义上，我只是触及了这类研究可以揭示的问题的表象。我们也看到人们会部署一些复杂的工具来探索和利用这些有价值的关于人类行为的巨量知识。在这种探索中，本书没有讨论的许多问题终将成为新的信息经济发展的中心。

最重要的问题是对个人隐私保护的担心和应对，这是自网络诞生之时就存在的问题。

一个很大的问题是，国家和地区的法律在网络信息空间的实施，比如解决跨国商业冲突，再比如当消费者在一个国家，而商家在另一个国家时，就会出现特殊的法律问题。历史上也有过处理类似情况的方式，即跨国公司既要遵守本国法律，也要遵守国际法。也许这种先例可能延伸到网络上，但如果真是这样的话，

互联网上现在非常开放自由的面貌可能就会消失，未来的世界可能就不这么令人激动，反而会变得不那么自然和缺乏创造力了。

我们不应该阻止新的法律及其实施之间这种充满矛盾的相互作用，以及那些总能找出办法来绕过各种限制的人们的创造力。对未来下结论，现在还太早。对等系统 Napster 的遭遇就是一个很好的例子，法律诉讼威胁将它关闭，像 Gnutella 这样的对等系统就会迅速补位，而创造新的机制总是会有回报的，无论它是可以用来创建法律的，还是发现技术和法律的漏洞的。随着越来越多的人依赖于互联网，更多的创造力必定将被激发出来，给有关机构和政府带来新的挑战，促使它们也行动起来，但结果只不过是带来了进一步的挑战。

好一个充满挑战的新世界！

译者后记

　　《人人都该懂的互联网思维》这本书的英文版是 2001 年由麻省理工学院出版社出版的。2004 年我在美国偶然发现了这本书，特意买来阅读，读完后发现中国一定有不少人也会对它感兴趣，这使我有了翻译这本书的冲动。几经周折，2009 年中文版终于由北京大学出版社出版。其间，我和原书作者伯纳多·A. 胡伯曼博士取得了联系，他特意补充了一章新内容。于是，2009 年出版的中文版内容就比英文版多了一章——第 9 章"注意力是最稀缺的资源"。

　　两年前，湛庐文化的策划编辑安烨联系我

说，湛庐现在从麻省理工学院出版社获得了这本书的中文版版
权，打算再出一个中文版，问我有没有兴趣。这是一件令人高兴
的事情，于是我一口答应了。但因为原先我和北京大学出版社签
订的翻译合同是10年期的，因而还不能接手。这事就放下了，
我也没觉得会再提起。但安烨显然没有忘记，不久前又联系我，
说时间上应该可以了，希望我能重新翻译。

一本差不多20年前出版的书，而且反映的是互联网这种日
新月异的事物，到现在还有出版商愿意再版，它一定是不同寻常
的！只有一个理由可以解释，那就是这本书的内容真正抓住了互
联网的某些本质，20年前是对的，现在看来还是对的，而且并
未随着眼花缭乱的技术和应用的发展而消逝。所谓经典，大概就
是这个意思吧。

《人人都该懂的互联网思维》这本书就是如此。作者当初在
英文书名中大胆地用了"Laws"（定律）这个词，大概也就是坚
信他希望传达的内容能够经得起时间的考验。重读这本书，我也
颇有此感。这种感觉也得到我的一些其他经验的支持，2011年
以来，我在北京大学新开设了一门本科生课程，其中的一些内容
就与此书相关。

互联网在不断发展着。从2009年出版的中文版算起，又过

去了 10 年，有没有什么新的内容作者觉得值得补充进来呢？带着这种好奇心，我又一次联系上了原书作者伯纳多·A. 胡伯曼博士，告诉他再出新中文版的消息，同时询问是否愿意提供新内容，就像 10 年前单独为中文版补写了第 9 章那样。他十分爽快地答应了，于是就有了本书中的第 10 章——"物联网时代，将实现真正的万物互联"。

这样，我一边梳理先前的译稿，一边翻译新增的内容。过去 10 年在教学和研究中对相关问题提高的认识让我意识到先前那个译本有不少粗陋的地方，这次也都尽量做了完善。

在翻译的过程中，我与胡伯曼博士有过十几次电子邮件的沟通。特别令我惊喜的是，每次他差不多都是"秒回"。作为一位著名科学家和美国有线电视实验室公司的高级副总裁，与一个素未谋面的人如此互动，实在有些让人感动。新版中译本能够完成，除感谢胡伯曼博士外，我还要感谢 EMC 北京研发中心的刘伟博士，是他帮我找到了胡伯曼博士的联络方式。最后，也要感谢湛庐文化，努力让这本书以崭新的面貌再现于世。

未来，属于终身学习者

我这辈子遇到的聪明人（来自各行各业的聪明人）没有不每天阅读的——没有，一个都没有。巴菲特读书之多，我读书之多，可能会让你感到吃惊。孩子们都笑话我。他们觉得我是一本长了两条腿的书。

——查理·芒格

互联网改变了信息连接的方式；指数型技术在迅速颠覆着现有的商业世界；人工智能已经开始抢占人类的工作岗位……

未来，到底需要什么样的人才？

改变命运唯一的策略是你要变成终身学习者。未来世界将不再需要单一的技能型人才，而是需要具备完善的知识结构、极强逻辑思考力和高感知力的复合型人才。优秀的人往往通过阅读建立足够强大的抽象思维能力，获得异于众人的思考和整合能力。未来，将属于终身学习者！而阅读必定和终身学习形影不离。

很多人读书，追求的是干货，寻求的是立刻行之有效的解决方案。其实这是一种留在舒适区的阅读方法。在这个充满不确定性的年代，答案不会简单地出现在书里，因为生活根本就没有标准确切的答案，你也不能期望过去的经验能解决未来的问题。

湛庐阅读App：与最聪明的人共同进化

有人常常把成本支出的焦点放在书价上，把读完一本书当作阅读的终结。其实不然。

时间是读者付出的最大阅读成本
怎么读是读者面临的最大阅读障碍
"读书破万卷"不仅仅在"万"，更重要的是在"破"！

现在，我们构建了全新的 "湛庐阅读"App。它将成为你"破万卷"的新居所。在这里：

- 不用考虑读什么，你可以便捷找到纸书、有声书和各种声音产品；
- 你可以学会怎么读，你将发现集泛读、通读、精读于一体的阅读解决方案；
- 你会与作者、译者、专家、推荐人和阅读教练相遇，他们是优质思想的发源地；
- 你会与优秀的读者和终身学习者为伍，他们对阅读和学习有着持久的热情和源源不绝的内驱力。

从单一到复合，从知道到精通，从理解到创造，湛庐希望建立一个"与最聪明的人共同进化"的社区，成为人类先进思想交汇的聚集地，与你共同迎接未来。

与此同时，我们希望能够重新定义你的学习场景，让你随时随地收获有内容、有价值的思想，通过阅读实现终身学习。这是我们的使命和价值。

湛庐阅读App玩转指南

湛庐阅读App 结构图：

12+图书订阅服务
纸质书
有声书
电子书
读什么

优秀的读者和终身学习者 **与谁共读**

湛庐阅读App

怎么读
泛读：一书一课
通读：通识课
精读：精读班

跟谁读 作者、译者、专家、推荐人和阅读教练

三步玩转湛庐阅读App：

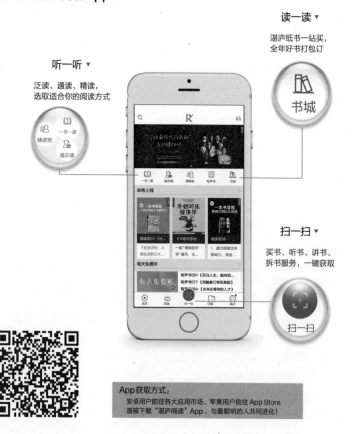

读一读 ▾
湛庐纸书一站买，
全年好书打包订
书城

听一听 ▾
泛读、通读、精读，
选取适合你的阅读方式

扫一扫 ▾
买书、听书、讲书、
拆书服务，一键获取
扫一扫

App获取方式：
安卓用户前往各大应用市场、苹果用户前往 App Store
直接下载"湛庐阅读" App，与最聪明的人共同进化！

使用App扫一扫功能，
遇见书里书外更大的世界!

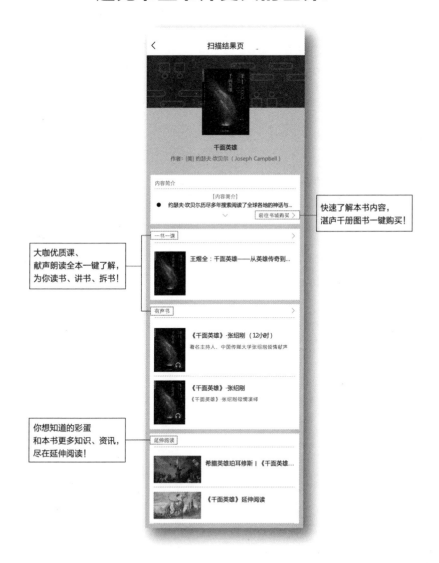

快速了解本书内容，
湛庐千册图书一键购买!

大咖优质课、
献声朗读全本一键了解，
为你读书、讲书、拆书!

你想知道的彩蛋
和本书更多知识、资讯，
尽在延伸阅读!

延伸阅读

《巴拉巴西网络科学》

◎ 全球复杂网络研究权威、"无标度网络"奠基人艾伯特－拉斯洛·巴拉巴西首度系统揭秘网络科学的重磅之作！

◎ 网络视角是当今互联世界不可或缺的思维能力，将渗透到人类活动和人类思想的一切领域，巴拉巴西教授花费 5 年时间写作，结合最新研究，运用定量手法，浅显易懂地讲述了网络科学领域的专业知识，学会网络科学的思维会让你轻松理解身边事。

《巴拉巴西成功定律》

◎ 全球复杂网络研究权威、"无标度网络"奠基人艾伯特－拉斯洛·巴拉巴西重新定义成功，并首度揭示人类成功 5 大科学定律！宜警觉！可实践！能复制！

◎ 全覆盖、无死角的数据支持，汇集 100 多位世界顶尖的科学家、社会学家、心理学家、商业界领袖的最新研究成果，世界上首次揭示了成功背后那张"看不见的网"。

《智慧社会》

◎ 阿莱克斯·彭特兰是全球大数据权威、可穿戴设备之父、MIT 人类动力学实验室主任。通过大量翔实的案例阐释了大数据如何助力构建智慧城市、如何启动智慧社会。

◎ 本书荣获 *Strategy+Business* 杂志 2014 年度最佳商业创新图书，由上海交通大学长江学者特聘教授汪小帆领衔翻译，财讯传媒集团首席战略官段永朝、中国社会科学院世界经济与政治研究所研究员何帆专文推荐，电子科技大学教授周涛等联袂推荐。

《诚实的信号》

◎ 继畅销书《智慧社会》之后，全球大数据权威、可穿戴设备之父阿莱克斯·彭特兰重磅推出思想奠基之作，并将颠覆你的所有认知！

◎ 理性决策为什么常常会出错？捕捉 4 大诚实的信号以及做好 4 大社会角色，帮你实现从理性决策到科学决策的跃迁，全面优化你的工作与生活。

◎ 社交红人的养成秘密、职场达人的成功法则、天才团队网络智能的运营之道、高效能组织决策中最关键的元素、生活中大大小小的决策方法——所有你想知道的，用一本书给你答案。

图书在版编目（CIP）数据

人人都该懂的互联网思维 /（阿根廷）伯纳多·A. 胡伯曼著；李晓明译 .
—郑州：河南科学技术出版社，2020.4

ISBN 978-7-5349-9911-6

Ⅰ.①人… Ⅱ.①伯…②李… Ⅲ.①互联网络—普及读物 Ⅳ.①TP393.4-49

中国版本图书馆 CIP 数据核字（2020）第 050873 号

上架指导：科技趋势

出版发行：河南科学技术出版社
　　　　　地址：郑州市郑东新区祥盛街 27 号　　邮编：450016
　　　　　电话：（0371）65788613　　　65788630
　　　　　网址：www.hnstp.cn
策划编辑：孙　珺
责任编辑：孙　珺
责任校对：路　慧
封面设计：湛庐CHEERS
责任印制：朱　飞
印　　刷：唐山富达印务有限公司
经　　销：全国新华书店
开　　本：880mm ×1230mm　1/32　　印张：5.5　　字数：108 千字
版　　次：2020 年 4 月第 1 版　　2020 年 4 月第 1 次印刷
定　　价：59.90 元